建筑模型作品欣赏

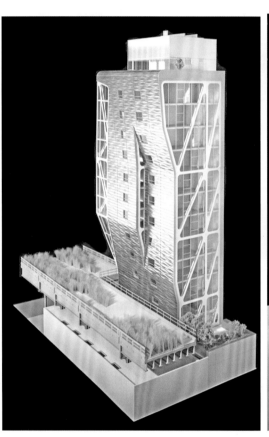
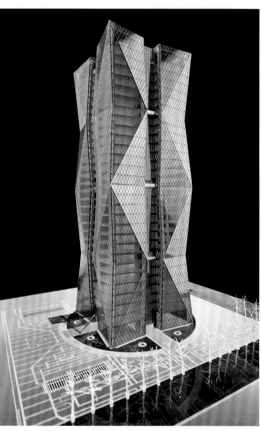

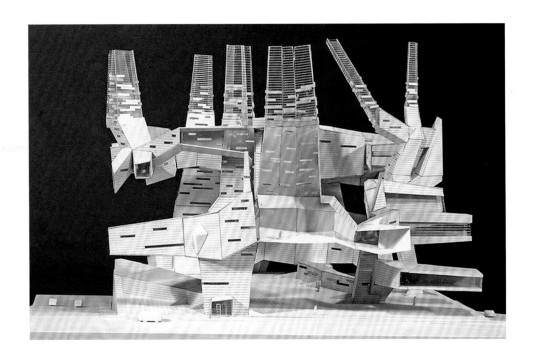

建筑模型制作与工艺

主　编　宋培娟　王　庄
副主编　任　宇　高连平

清华大学出版社
北京交通大学出版社
·北京·

内 容 简 介

本书全面介绍现代建筑模型制作与工艺，深入分析现代建筑模型的发展趋向，详细讲解建筑模型的制作方法与流程，所选图片均具有典范性，为建筑模型的制作指明正确方向。按照建筑模型设计制作的职业能力要求，本书的主要内容包括建筑模型概述、建筑模型的材料与工具设备、建筑模型的设计制作过程与要素、建筑模型主体制作、建筑模型环境制作、模型制作方案设计与赏析。本书系统、直观、全面介绍了建筑模型设计与制作的相关知识，并通过相应的案例分析进行拓展训练，可操作性强。

本书坚持理论与实践紧密结合的原则，内容翔实，表述准确，是普通高等院校建筑设计专业、环境艺术设计专业的必备教材，也是建筑模型爱好者与模型生产企业的参考资料。

图书在版编目（CIP）数据

建筑模型制作与工艺 / 宋培娟，王庄主编. —北京：北京交通大学出版社：清华大学出版社，2022.7

ISBN 978-7-5121-4712-6

Ⅰ. ① 建…　Ⅱ. ① 宋…　② 王…　Ⅲ. ① 模型（建筑）–制作　Ⅳ. ① TU205

中国版本图书馆 CIP 数据核字（2022）第 071758 号

建筑模型制作与工艺
JIANZHU MOXING ZHIZUO YU GONGYI

责任编辑：韩素华

出版发行：清 华 大 学 出 版 社　　邮编：100084　　电话：010-62776969
　　　　　北京交通大学出版社　　邮编：100044　　电话：010-51686414
印 刷 者：艺堂印刷（天津）有限公司
经　　销：全国新华书店
开　　本：185 mm×260 mm　　印张：15　　字数：365 千字　　彩插：0.25
版 印 次：2022 年 7 月第 1 版　　2022 年 7 月第 1 次印刷
印　　数：1～2 000 册　　定价：49.00 元

前　言

　　模型表现是基于各种材料、工艺、制作手段和技巧，进一步完善设计思路、深入表达和协调整体创意的重要环节。建筑模型是建筑设计方案及城市规划设计方案的高端表现形式，以其特有的形象性、直观性表现出设计方案的空间效果，可以弥补传统图纸无法全方位展现建筑空间关系的缺陷。建筑模型不仅是建筑表现的一种方法，也是建筑设计的一部分，比设计草图更能够让人直观地感受到设计的本质；同时，以触觉和视觉为导向的模型设计超越了草图的单一化视觉效果，能更深刻展示空间本身的物质内涵性。目前，在国内外建筑规划中，建筑模型设计与制作已经不再作为辅助方案进行展示，而成为一门独立的学科，可以作为一门综合性、实践性较强的空间设计课程，成为相关专业的学生对空间感认识与理解的重要途径。在现实生活中，建筑模型被广泛地使用。例如，开发商销售楼盘；对于设计师来说，可以通过模型与非专业人士交流设计思路，完善设计理念，更新设计手段；很多由于技术和投资原因未建成的建筑和设计作品，也可以用模型的形式体现其独特的艺术观念和美学价值。

　　在本书编写内容上，主要从模型制作理论基础、模型制作材料与工具设备选择、模型制作过程及要素分析、模型制作实践操作、模型制作欣赏五个方面进行全面阐述。第一阶段为基础理论阶段，主要使学生对建筑模型的历史与发展有初步的认识与了解，从而理解建筑模型的发展趋势。第二阶段为材料选择阶段，主要培养学生对材料选择的分析能力。第三阶段为模型制作过程及要素分析，主要培养学生对模型设计与制作的整体策划能力。第四阶段为模型制作实践操作阶段，主要培养学生的实际动手操作能力、对空间感的认知能力及对整体效果的把控能力。第五阶段为模型制作欣赏阶段，主要开阔学生的视野，培养学生的审美和鉴赏能力。本书遵循在实际教学过程中的教学特点，知识涵盖全面而系统，图文并茂，并针对每个制作环节进行翔实的阐述与剖析，可以帮助学生准确地了解模型制作的过程与细节。

　　在本书编写过程中，徐景福院长在专业教学和研究上给予了细心指导与帮助，吉林师范大学的王庄老师编写了第5、6章的内容（约16万字），并对本书部分文字及图片进行了编辑与修整，在此一并表示感谢！

　　由于编者水平有限，书中难免有不妥与疏漏之处，恳请广大读者批评指正，并提出宝贵意见。

编者

2022 年 5 月

目　录

第1章

建筑模型概述

本章教学导读

建筑模型制作，在国外的设计事务所早已成为整个设计过程中必要且非常重要的环节，制作各个阶段的模型总是伴随着项目设计的每个过程。国内设计院和大型设计机构也越来越多地使用模型对设计方案进行推敲、重塑、调整、深化、执行。当然，设计图纸仍然是目前和在未来较长时间内都不可能被替代的设计表达方式。那么，用模型表达设计还重要吗？用模型推敲设计必要吗？学习制作模型是必须的吗？答案是肯定的。模型作为唯一以三维实体呈现的设计表达工具，是所有二维或模拟三维技术都无法比拟的，它对于研究设计、表达设计都非常重要。

本章将分析建筑模型的设计特征、属性价值及功能作用，使学生对建筑模型的历史发展和模型分类有初步的认识与了解，从而理解建筑模型的发展趋势。

1.1 建筑模型的概念与设计特征

1.1.1 建筑模型的概念

我国古代最早出现的"模型"概念，由《说文·土部》记载："型，铸器之法也。"段玉裁注：以木为之曰模，以竹曰范，以土曰型。在营造构筑之前，利用直观的模型来权衡尺度、审时度势，"盈尺而曲尽其制"。

根据《辞海》的解释，在工程学上，模型就是根据实物、设计图纸、设想，按比例、生态或其他特征制成的同实物（或虚物）相似的物。模型通常具有展览、观赏、绘画、摄影、试验或观测等用途。常用材料为木材、石膏、混凝土、金属、塑料。

建筑模型是用于城市规划、城市设计、建筑设计、景观设计、园林设计思想的一种形象的艺术语言。建筑模型是采用便于加工而又能展示建筑质感并能烘托环境气氛的材料，按照设计图、设计构思以适当的比例制成的缩样小品，如图1-1与图1-2所示。

图1-1　建筑模型

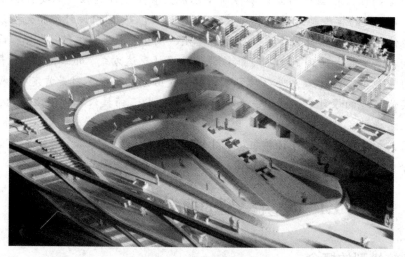

图1-2　建筑模型细节

建筑模型是建筑设计的一种表达方式。建筑设计的表达，指建筑设计师在承担某项建筑设计的过程中，运用各种媒介、技巧和手段，选择平面形式或立体形式来表达自己的设计构思，以展示其建筑设计作品的性格和品质。建筑设计的表达是将一项建筑设计构思塑造成直观形象的重要手段，对于建筑师和业主来说都是非常重要的。"实物"和"比例"是模型概念的两个关键词。本书所指的模型属于建筑及建筑教育行业的专业建筑模型范畴，这里的"实物"应理解为包含真实的实物和虚拟（预想中）的实物两类；"比例"一般取小于实物尺寸的缩微比例。

建筑模型制作的目的，不仅是供业主（甲方）和管理者审查、论证之用，而且是创作者、设计者研究自己作品的直观表现手法，并成为建筑设计的重要手段。通过建筑模型的制作，可研究建筑设计本身的功能、空间的比例和色彩等诸方面关系。因此，可以说建筑模型是建筑设计的重要辅助手段。图 1-3 为建筑模型与建筑实物照片。

图 1-3　建筑模型与建筑实物照片

1.1.2　建筑模型的设计特征

1. 具有高度的表现力和感染力

建筑模型运用多种现代技术、材料与先进的加工工艺，以特有的微缩形象，逼真地表现出都市、小区、建筑物、环境和室内的立体空间效果。其外观形象十分逼真，视觉感受、触觉体验比建筑设计中的透视效果图、平面图、立面图、剖面图等具有更高的表现力和感染力，如图 1-4 所示。

2. 对建筑进行"改进设计"

建筑模型是根据建筑与环境设计的成果表现其设计意图，原本属于工艺制作的范畴。但从设计意图到实物模型的转换过程中，涉及形态、比例、色彩、材料、空间、结构等造型因素的变化，也是二次创作的过程。例如，某些地方如层高、比例、材质、间隔等需要略加强调或突出。有些开发商要求建筑模型设计比效果图要更好，这就需要运用设计的手段对建筑模型进行"改进设计"。图 1-5 为别墅展示模型。

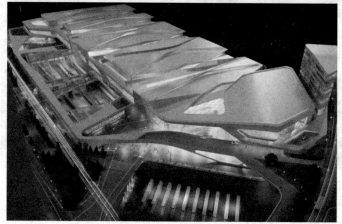

图1-4 建筑科技模型

图1-5 别墅展示模型

3．多学科交叉的一门专业课

从宏观上讲，建筑模型设计包括建筑小区、城市鸟瞰；从微观上讲，建筑模型设计包括建筑局部、点景表现，它并不局限于建筑学专业范畴，还涉及建筑设计、室内设计、园林设计、景观设计、都市设计和城市规划等专业的设计内容，如图1-6与图1-7所示。

图1-6 建筑规划模型

图1-7 建筑单体模型

1.2 建筑模型的历史与属性价值

1.2.1 建筑模型的历史

1．人类使用模型进行建筑设计创作

在古代，模型并非源于为设计服务，其最初只是作为军事用具或用作标志物、象征物，为军事服务，其目的是为作战了解地形和研究战略。

  建筑模型最早记载于哈罗多特斯所著《达尔菲神庙模型》一书，直到 14 世纪，欧洲才开始将这种创作手段应用于建筑设计实践，如意大利的佛罗伦萨教堂模型（见图 1-8）。从早期文艺复兴时起，建筑模型就较广泛地应用于表现建筑和城市设计构思，尤其是用于防御性的城堡，如 15 世纪的鲁昂圣马可教堂、1502 年雷根斯堡的斯赫恩·玛利亚教堂和约 1744 年维尔泽哈林根的朝圣教堂等。

图 1-8 佛罗伦萨教堂模型

  到了 19 世纪后期，以高迪为代表的建筑师们开始以实体模型作为设计的辅助工具，形成一套以实体模型作为辅助设计的方法，并形成一套建筑分析的语言。

  在 20 世纪 20—30 年代，以勒·柯布西耶为代表的建筑师们开始重视模型在设计中的作用，并将其作为建筑学教育及实践中不可或缺的组成部分，格罗皮乌斯在教学中就鼓励学生做简单的透明模型来辅助设计。

  当代著名后现代解构主义建筑大师盖里的诸多作品更是直接从模型开始进行设计（见图 1-9），模型确定以后再利用三维扫描技术输入计算机，从而确定每个空间点的数据，很多数据还需要在对模型的细部微调中进行修正。模型的制造过程和工艺往往直接决定建造结果，在这里，表现和设计成了不可分割的整体。

图 1-9　建筑师盖里的作品模型

2. 我国建筑模型的发展过程

在我国建筑模型的发展过程中，最早有关模型的记录是在墓葬出土的文物（仅仅是一种随葬品）中找到的。最早的建筑模型是汉代的陶楼（见图 1-10），作为一种"明器"，以土坯烧制而成，外观摹仿木构楼阁，十分精美。

史料记载，我国最早在公元 6 世纪就有模型用于建筑工程的事例，隋代的宇文恺曾把"明堂"设计方案做成木制模型给皇帝审阅。我国至少自隋、唐时期就有使用建筑模型的历史。直至清朝康熙年间，出现了当时的烫样（见图 1-11），成为古代为建筑设计服务的模型。烫样，即立体模型。它主要是由木条、纸板等材料制作加工而成的。烫样主要包括亭台楼阁、庭院山石、树木花坛及所有的建筑构件。

直到 1949 年新中国成立，我国模型制作在设计中的地位才得以确立。在北京十大建筑的设计与施工建设过程中，建筑模型在建筑师设计构思和设计成果中起了重要作用。总体来说，建筑模型在我国的发展主要经历了明器、烫样、沙盘、现代模型四个阶段。

到了 20 世纪 90 年代初期，随着房地产业的兴起，建筑与环境沙盘模型和室内户型模型在我国得到快速发展和应用。

图 1-10 汉代陶楼   图 1-11 清代"样式雷"建筑烫样

如今，模型发展已采用新材料、新设备，模拟真实效果制作，体现了建筑模型设计和制作的专业性、精细度及艺术价值。模型与效果图、动画等表现手段一起，已经成为空间设计中不可替代的重要环节。它不仅是专业人士研究和推敲设计、深入思考的手段，也是业主、媒体和大众等非专业人士理解设计艺术、感受空间文化的最真实、最直观、最全面、最综合的媒介，它架起了一座桥梁，沟通了设计师和公众。图 1-12 为公共建筑模型。

图 1-12 公共建筑模型

1.2.2 建筑模型的属性价值

1. 模型是三维的、立体的设计表现形式

模型采用三维的、立体的表现形式，与二维平面图有很大的区别。模型作为设计人员的专业语言，借助于立体模型，对原设计中的功能、形态、构造、结构、空间、肌理

和色彩等进行了多方位的探索，并将其发展和完善。模型制作有利于设计构思的完善，如图 1-13 所示。

图 1-13　模型制作有利于设计构思的完善

2. 模型是设计实体的微缩

模型是按照一定的比例将设计实体缩微而成的，是传递、解释、展示设计项目、设计思路的重要工具和载体。所以，在设计制作时应根据不同模型的用途选用适宜的材料、工艺进行制作，同时要考虑符合美学原则和处理技术，以加强模型的可视性、可交流性，做工精细的建筑模型可以准确地传递建筑结构及材质信息，如图 1-14 所示。

图 1-14　做工精细的建筑模型可以准确地传递建筑结构及材质信息

3. 模型具有独特的表现能力

模型不但可以通过视觉传递设计实体的内涵，还可以让观者通过触觉来体验设计实体的质感，这就使它比平面效果图具有更强的表现力。因此在设计实体尚未出现之前，设计师往往通过一个模拟实体的模型给观者欣赏评价的机会。

4. 模型的特殊用途与价值

模型有自身的特殊用途，它对于投标、项目报批、大型公共建筑、区域规划、展示说明、归档和收藏是必不可少的。它为设计人员、业主和审批人员带来方便。虽然模型的制作造价高于效果图，但它的价值在激烈的商业竞争中已日益彰显，模型设计与制作伴随着社会的发展正逐渐成为独立的产业与学科。图1-15为台中歌剧院模型。

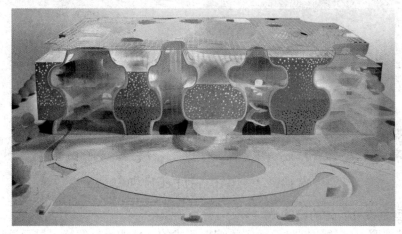

图1-15 台中歌剧院模型

1.3 建筑模型的分类

建筑模型从用途的角度分：设计模型（工作模型）、表现模型、施工模型、展示模型（成果模型）、投标模型（方案模型）等。

从内容的角度分：小区模型、都市模型、园林模型、室内模型、家具模型、车船模型、港口码头模型、桥梁模型。

从时代的角度分：古建筑模型、现代建筑模型、未来建筑模型等。

从制作工艺的角度分：计算机辅助制造（computer aided manufacturing，CAM）模型、手工制作模型、机械制作模型等。

从材料的角度分：纸质模型、塑胶模型、木质模型、吹塑模型、复合材料模型等。

1.3.1 设计模型

设计模型一般包括体块模型、框架模型、内视模型、剖面模型、沙盘模型等。

1. 体块模型

体块模型一般用来概括建筑造型，以单体的加减和群体的拼接为设计手段，主要用于设计过程中的分析现状、推敲设计构思、论证方案可行性等环节工作。这类模型由于侧重面不同，因而制作深度也不一样。一般主要侧重于内容，对于形式的表现则要求不是很高。体块模型相当于设计草图，用于推敲研究设计方案，使之更加完善，如图1-16所示。

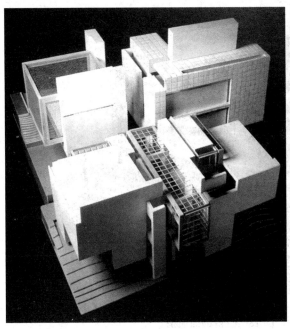

图1-16 体块模型

2. 框架模型

框架模型一般用来分析建筑结构，是结构与细节研究方案的深化，使设计具有实施性，如图1-17所示。框架模型是让结构呈开放状，解决了功能上、开启和闭合技术上及结构上复杂的空间观念问题，并且能阐明其他工种的建筑语言，如专业设备工程师比较了解的语言。框架模型常以1:200和1:50的比例制作。

图1-17 框架模型

3. 内视模型、剖面模型

此类模型一般用来推敲内部空间，分内部结构和内部布置。图1-18为室内剖面模型。

图1-18　室内剖面模型

4. 沙盘模型

沙盘模型是规划的初步模型，以微缩实体的方式来表示建筑物的造型及与周边环境的地理关系，将建筑师的意图转化成具体实物，让参观者能够生动、直观地感受到建筑物优越的地理位置、科学的规划设计、合理的功能划分及丰富的园林景观设计等信息，让参观者对未来充满期待和憧憬，如图1-19所示。

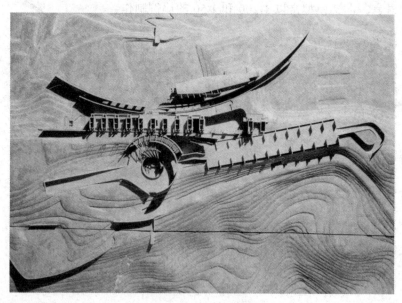

图1-19　沙盘模型

1.3.2 表现模型

表现模型具有直观性突出的优点和独到的表现力。其设计制作不同于设计模型，它是以设计方案的总图、平面图、立面图为依据，按比例微缩得十分准确，其材料的选择、色彩的搭配也要根据原方案的设计构思，并适当地进行处理。

这里要强调的是，表现模型并不是单纯的依图样复制，其目的在于表现和对设计方案进行完善。

表现模型具有直观性、真实性、形象性，以及制作准确精密等特点，这类模型主要供设计投标、主管部门审查、施工参考。

1. 单体模型

单体模型一般用于建筑色彩、材料质感、空间分割、比例、建筑环境及配置的表现，如图 1-20 所示。

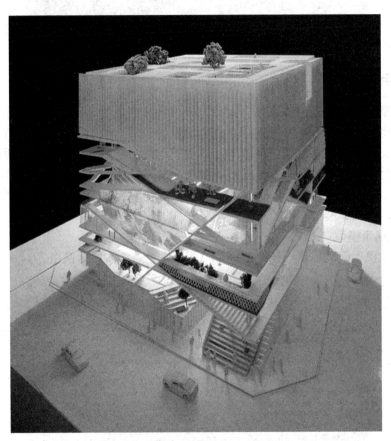

图 1-20　单体建筑表现模型

2. 规划模型

规划模型一般表现主体为建筑、交通、绿化等。图 1-21 为城市规划表现模型。

图1-21 城市规划表现模型

1.3.3 展示模型

展示模型是设计师在完成设计方案后，将方案按一定的比例微缩后制作成的一种模型。其主要用途是在各种场合上展示设计师的最终成果。展示模型的主要目的是宣传都市建设业绩、房地产售楼说明、展览等。这类模型做工精巧，材料考究，质感强烈，装饰性、形象性、真实性显著，具有强烈的视觉冲击力和艺术感染力。

这类模型一般按图样制作，但又不完全受图样的限制，为了取得理想的展示效果，在建筑层高、空间、装饰等方面可以适当夸张强调。

1. 单体展示模型

单体展示模型即表现单一建筑的模型，图1-22为单体展示模型。

图1-22 单体展示模型

2. 室内展示模型

室内展示模型解决房间内组合、布置、采光、通风、声响、色彩、技术与艺术上的问题，科学、合理、最大限度地满足使用要求。这样的模型通常是呈现出各自的内部空间或众多空间的秩序。比例1:100与1:20的内部空间模型担负着阐明所塑造空间的明细、功能和光线技术问题的任务。室内展示模型通常是根据内部空间的颜色、材质和家具来设计，如图1-23所示。

图1-23 室内展示模型

3. 规划展示模型

规划展示模型即展现出城市规划的整体，包括园林景观、交通网络等，图1-24为规划展示模型。

图1-24 规划展示模型

1.3.4　建筑模型表现的新方式

1. 数字模型

数字模型在国内大型的展馆和售楼中心引导着数字沙盘的新方向。数字模型这一新名词将在不远的未来取代传统的建筑模型，跃身成为展示内容的另一个新亮点。数字模型超越了单调的实体模型沙盘展示方式，在传统的沙盘基础上，增加了多媒体自动化程序，能够充分表现出区位特点、四季变化等丰富的动态视效，如图1-25所示。

图1-25　现代数字模型

2. 科技模型

科技模型是在建筑模型设计、模型制作经验的基础上，糅合现代科学技术，独创的另一套新的模型展示方法，如图1-26所示。科技模型在传统的物理模型沙盘基础上，增加类似多点触控、中控集成、虚拟现实等科技手段，通过触摸、感应等各种互动方式，控制模型当中的灯光、楼层、升降、视频、音响等内容，全方位展现出实物的各区位特点，让观众达到身临其境的感觉。

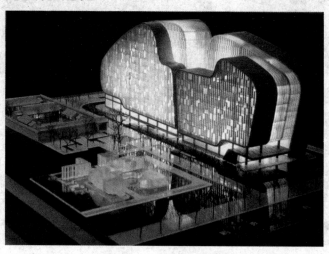

图1-26　现代科技模型

1.4　国内外模型设计制作的现状与发展趋势

1.4.1　国内外模型设计制作现状

　　建筑模型设计制作课程是目前国内环境艺术设计专业的一门主干专业课,同时也是室内外设计、展示设计专业的重要专业基础课程,是一门培养学生实践操作能力及空间思维的课程。但是,在国内,该课程的教学仍处于一种脱离市场、缺乏实践的状况。

　　国内设计界对于模型制作普遍不是太重视,特别在设计院校,学生大多还停留在纸上谈兵的层次。这一现象主要有两方面的原因,首先,很多设计院校在教学上不太重视学生模型制作能力的培养。对于设计表现,往往只是停留在计算机三维绘图的层面上,没有认识到三维空间中的实体设计表现更能让学生增加对形体的理解。其次,国内的设计院校普遍存在模型加工设备落后的状况,这也是制约国内设计模型制作发展的原因之一。不过随着时代的发展,现在很多设计院校也开始重视提高教研室的硬件水平了。

　　建筑模型设计制作教学注重实践性,教师也只有在动手和操作示范中才能进行教学。教学应该以实训授课为主,并且以学生在课堂上的实际动手操作为主,以教师指导、点评模型为辅,这就要求因材施教,授课的方法要能充分调动学生的积极性、主动性。目前,各院校在教学中,很多教师只注重学生绘图表现能力的培养,如效果图、施工图的制作,而忽视了设计作品的简单实用性,更没有想到作品在"方便""安全""舒适""可靠""效率"等方面的评价,也就忽视了学生更多的生理、精神层面的需求。图1-27为国内模型设计制作课堂。

图1-27　国内模型设计制作课堂

　　在国外一些设计水平较发达的国家,对于设计模型向来是非常重视的。早在20世纪初德国公立包豪斯学校刚成立时,就十分重视培养学生设计模型的制作能力。魏玛包豪斯大学拥有设备完善的模型工作室,工作室中有专任的教师进行设计和技术指导。国外模型设计制作的教学已经相当完善,从建筑模型的设计构思、设计制图、模型制作与组装，到最后的成品模型展示，每个教学环节与市场运作体系衔接得都很紧密。具有实际模型制作经验的从业教师，完善而规范的模型设计市场体系，为专业的教学提供了一个良性的模型设计环境。图1-28为国外模型设计制作课堂。

图1-28　国外模型设计制作课堂

在现代西方设计发达国家的设计院校中，通常都会有制作模型的木工车间、金工车间、人造材料加工车间等设备完善、配置齐全的工作室。在教学中通常也要求学生用模型来表达设计思想。图1-29为德国柏林艺术大学设备先进的模型加工车间。

图1-29　德国柏林艺术大学设备先进的模型加工车间

　　在西方，除了传统的模型制作技术以外，现在还广泛地采用一些新技术和新的加工工艺来进行模型制作。如激光裁切、激光烧结、3D 扫描和打印、数控加工等，如图 1-30～图 1-32 所示。

图 1-30　3D 扫描技术

图 1-31　3D 打印技术

 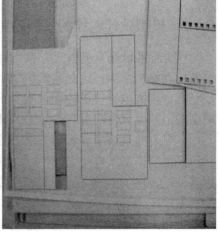

图 1-32　激光裁切技术

除此之外，完整的模型设计制作配套体系也是非常重要的。在国外，有专用于模型设计制作的小型精密加工设备，以及商品丰富、门类齐全的模型制作用品专卖店。在那里能够一站式获取制作模型的各种材料及工具设备，如图 1-33 所示。

图 1-33　模型制作用品专卖店

1.4.2　模型设计制作的发展趋势

一个行业能否良好发展，关键在于市场的需求大小。目前的房地产行业，每年所建筑的楼盘都在增加，这对建筑模型制作行业来说也就意味着更好的市场。每一家房地产公司都尽可能地为自己的楼盘制作出一套炫目的沙盘进行楼盘展示，以促进销售。建筑模型成为开发商与购房者沟通的关键桥梁。

目前，建筑模型的表现方法一般都是根据需要和可能来制定具体的表现形式。至于建筑模型的未来发展将会如何，是很难下定论的。然而，就时代的发展和事物内在的规律来分析，由于科技发展的不确定性，未来模型制作极可能在以下几个方面有重大的变化和发展。

1. 在材料选择方面将呈现多样化

模型制作一直与材料有紧密的关系。从远古时期使用陶土制作模型，到使用木头、纸质材料制作模型，再到现在使用有机分子材料等制作模型，这种变化正是由于材料业的发展而形成的。然而，作为模型制作的专业材料还很稀缺，很难满足模型制作市场的需求。随着材料科学的不断发展及商业行为的驱使，模型制作所需的基本材料和专业材料将呈现出多样化的趋势。模型制作将不会停留在对现有材料的使用上，而是探索、开发使用各种新材料。模型制作的半成品材料将随着模型制作的专业化而越来越多。材料的仿真度也将随着高科技的发展而有重大提高。从目前来看，模型的仿真还属于比较粗糙的状况，根本不能满足模型制作的要求。这种现象的产生，主要是由于模型制作的发展还未进入一个规模化的专业生产。模型制作从开发到应用，还没有进入到一个良性循环。再从目前的加工工艺、磨具制作等非商业因素来看，目前的制作水平还不能满足高仿真模型材料制作的要求。但这种现象也只是暂时的，会随着模型制作业的发展和未来高科技的发展而改善。

2. 在制作工具上将更加系统化、专业化

模型制作的工具是限制模型制作水平的一个很重要的因素。现今，在模型制作中更多的是采用手工和半机械化加工的方法。加工制作工具较多地采用钣金、木杠和其他加工工具，专业制作工具屈指可数。这一现象的产生，主要是由于模型制作还没有进入到一个专业化生产的规模，正是这种现象限制了模型制作水平的进一步提高。但是从国外工具业的发展和未来的发展趋势来看，随着模型制作业和材料业的发展及专业化加工的需要，模型制作工具将朝更系统化、专业化的方向发展，届时模型制作的水平也将得到大幅度的提高。

3. 在表现形式上的变化趋势

目前，模型的表现大都根据需要和可能来制定具体的表现形式。特别是建筑模型，因为主要是围绕房地产行业的发展、建筑设计的展示和建筑学专业的教学来进行的，形式更加单一。展望未来，这种具象的表现形式仍将采用，但随着人们观念上的变化则将会产生更多的表现形式。未来的、新的表现形式将侧重于模型的艺术性、观赏性与研究性的抽象表现。

4. 在效果上追求智能化和动态化的变化趋势

以房地产销售模型为例，20 年前都不是用建筑模型来售楼，仅用图纸贴在墙上说明就可以了；10 年前只要用一般模型能够清晰表达空间关系即可，现在则要求用精确的带灯光的模型，并且是采用多媒体计算机控制的声、光、电一体化模型，即解说讲到哪里，画面就演示到哪里。有的还采用遥控解说系统，模型以外的环境氛围灯也全部采用计算机控制，根据情境的需要调节气氛。以现在的生产速度来说，一套大型的建筑模型可能要半个月甚至更久的时间才能完成，更别提还需要大量的人力，花费更多精力来制作。随着 3D 打印技术的发展更加成熟，使得模型批量生产成为可能，3D 打印技术可以很快做出一套完整的模型，只需要一台计算机、一台专业的 3D 打印设备就可以完成整套建筑模型的制作，这也将给模型行业带来更多的方便。

5. 在制作工艺上呈现传统与现代化高科技相互补充的趋势

手工制作模型是一种传统的制作方法。从出土的古代陶土模型来看，手工痕迹很重，那是因为当时制作工具很少，只能靠手工和指尖的感觉来制作；而现在的模型制作，卡纸、ABS 工程塑料板等大量运用，大量专门工具和计算机雕刻机的出现，无不体现计算机强大的威力，使得现今模型制作的精度和效率都得到极大的提高。当计算机雕刻机被

应用于模型制作时，便产生了各种不同的看法，有人认为，计算机雕刻机的出现将取代手工制作。本书作者认为，计算机雕刻机绝不能取代手工制作。因为计算机雕刻机只能进行平面、立面的各种加工，况且计算机雕刻机完成的只是制作工艺中的某一个雕刻环节，在组合过程中还需要人工去操作。因此可以断言，未来的模型制作将会呈现传统手工制作和现代化高科技制作技术共存一体的趋势。图 1-34 为现代数字模型，图 1-35 为现代科技模型。

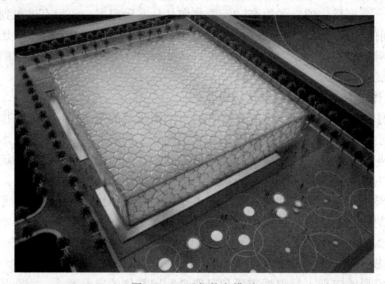

图 1-34　现代数字模型

图 1-35　现代科技模型

1.5　建筑模型设计制作行业简介

1. 职业介绍

模型设计制作师（见图 1-36）是能根据建筑设计图和比例要求，选用合适的模型制作材料，运用模型设计制作技能，设计制作出能体现建筑师设计思想的各种直观建筑模型的专业模型制作人员。

模型设计制作师从事的主要工作包括以下各项。

（1）读懂建筑图，理解建筑师设计思想及设计意图。

（2）模型材料的选用及加工。

（3）计算模型缩放比例。

（4）制定模型制作工艺流程。

（5）制作模型。

图1-36　模型设计制作师

2. 发展前景

我国目前建筑模型设计制作从业人员有 120 多万人，其中从事实物建筑模型（非计算机模拟模型）的专业制作人员占 20%以上，按此计算，从事实物建筑模型制作的人数可达 24 万。从业人员主要分布情况大致如下：70%的建筑模型制作员就业于模型制作公司；15%左右的建筑模型制作员就职于各类展台布置装潢公司；10%的建筑模型制作员开设独立的建筑模型设计制作工作室；5%的其余人员分布在各大设计院、设计公司、设计师事务所。

目前建筑模型设计从业人员的素质情况如下：水平参差不齐，很多从业人员都是半路出家，没有经过系统的学习与培训，靠师傅带和自己琢磨成才；有些模型制作人员无法读懂建筑设计图，使得制作出来的建筑模型与要求相去甚远。

建筑模型设计制作不需要很大的场地，对人员的文化水平、年龄、性别等条件相对限制不是很多，没有各类污染，是花费少、投入多的都市产业，对促进就业、发展社会经济作用很大。目前该职业在劳动分工中主要有以下岗位：建筑模型设计公司的模型制作工、展台布置装潢公司的模型制作工、房地产公司的模型制作工等。

目前国内院校与该职业相关的专业设置还没有。但在国内院校的环境设计系、建筑系有与该职业相关的课程。建筑模型设计员在国外的职业状况和我国相近，从业人员比

建筑模型制作与工艺

我国少很多，制作水平更专业化。随着我国城市规划业、建筑设计业、房地产业的高速发展，建筑设计师、城市规划师、房产商、展览商更加青睐建筑模型形象、直观的特点，势必促进建筑模型制作业进一步的发展；而投资少、入行易的特点也将吸引更多人才加入到建筑模型设计员行列，职业前景十分看好。

3. 工作描述

模型制作人员将设计图纸根据一定比例缩放输入到计算机，然后计算机经过数据处理，将这些数据输送到雕刻机；根据计算机指令，雕刻机将制作模型的 ABS 胶板切割成不同形状的小块；然后工作人员再将这些小块手工粘接成设计图纸所要体现的模型。

拓展训练

课题主题：单一材料的空间分割与组合关系训练。

制作要求：用单一材料——白色薄纸板或白色雪弗板（KT 板）制作，要求在300 mm×300 mm 的正方形白色薄纸板或白色雪弗板上，用抽象的构成语言表达出空间分割方式及空间的组合关系——空间的竖向分割、空间的水平分割、包容式空间、空间的穿插、空间的线性组合、空间的中心式组合、空间的序列等。具体示例如图1-37～图1-41所示。

制作案例：

图1-37 不规则矩形所创建的空间之间相互穿插、邻接、过渡的组合关系训练

（注：该构成作业在单一的材料和同尺度横截面单体构件基础上进行空间关系的创意训练。）

图1-38　规则矩形所创建的空间之间相互穿插、邻接、过渡的组合关系训练

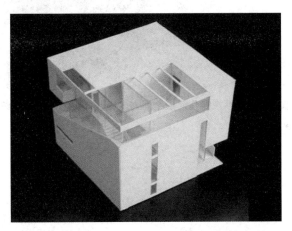

图1-39　水平与竖向分割的综合空间分割训练

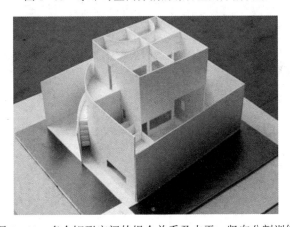

图1-40　多个矩形空间的组合关系及水平、竖向分割训练

图 1-41　不规则几何形空间与水平竖向分割的单项训练

建筑模型的材料与工具设备

　　建筑模型的表现，最终是以具体的制作材料形成的。模型制作的材料多种多样，包括某些特殊的材质，有近百种，特性各异。在当代，有时候决定模型成败的常常是模型的制作材料，大胆选择新颖适合的材料，不仅可以表现出造型和空间的最佳状态，还可以给人以耳目一新的感觉。在选择材料的时候，比较重要的是考虑材料的颜色、质感、构造方式能否和空间样式相得益彰。需要综合比较，多角度分析和研究，最终确定材料的使用。所以，了解模型制作所需的各种常用工具、材料及其性能，掌握各种模型材料的加工方法是十分必要的，也是制作模型的前提。一般来说，用于制作空间模型的材料包括建筑模型材料和环境模型材料两大部分。按模型材料的使用特性分类，通常分为建筑结构框架材料、建筑表面装饰材料、环境装饰材料、底盘材料等；按材料的物理化学成分分类，可分为纸板材料、木板材料、塑料材料、金属材料等。

　　本章教学主要是熟悉建筑模型制作过程中常用材料及工具设备的名称，理解各种材料简单的制作工艺及加工方式，使学生能够在制作模型的过程中根据所要制作模型的不同特点选择材料与工具设备。

2.1　建筑模型主体材料

　　适合制作模型的材料虽然挺多，但如何选择最具有表现力的材料才是关键。在现今的建筑模型制作过程中，对于材料的使用并没有明显的限制，但并不意味着不需掌握材料的基本知识。只有对各种材料的基本特性及适用范围有了透彻的了解，才能做到物尽其用、得心应手，达到事半功倍的效果。

2.1.1　纸板类材料

　　纸板是模型表现的重要材料，其质量由纸的成分、外观及物理机械性能所决定。纸板材料通常运用在概念模型或结构模型中。选用纸板需要考虑纸板的外观性能和机械性能。纸板的外观性能包括色度、平滑度、尺度、厚度、光洁度等;机械性能包括抗张力、伸张率、耐折度、耐破度和撕裂度。

1. 卡纸

卡纸是一种极易被加工的材料。目前市场上的卡纸种类很多,给卡纸模型的制作带来很大的方便。除了直接使用市场上各类质感和彩色的卡纸外,还可以对卡纸的表面作喷绘处理,以使模型的色彩和质感更接近描绘对象的要求。一般使用厚度为 1.5 mm 的卡纸板做平面的内骨架,预留出外墙的厚度,然后,把用作玻璃的材料粘贴在骨架的表面,最后,将预先刻好窗洞并做好色彩质感的外墙粘贴上去。有时也可直接使用厚 1.5 mm 的卡纸完成全部的制作,即单纯白色或灰色的模型,为许多设计师所喜爱,如图 2-1 与图 2-2 所示。

图 2-1　白卡纸

图 2-2　用白卡纸制作的模型

2. 厚纸板

厚纸板是以它的颜色及其厚度与白色的卡纸做区分，灰色厚纸板其成分是曾被印刷过的旧纸，而棕色厚纸板则是含有被煮过的木纤维。通常做精装书籍封面的是灰色厚纸板，因为它坚硬且有韧性，可用刀沿着直尺切割，比较适合做地形模型。它的标准规格是 70 cm×100 cm，另外还有 75 cm×100 cm 的规格和较小的规格，厚纸板的厚度从 0.5 mm 到 4 mm 不等。厚度为 1.05 mm 或 2.5 mm 的机制厚纸板是广泛使用的规格。

图 2-3 为厚纸板，图 2-4 为用厚纸板制作的模型。

图 2-3　厚纸板

图 2-4　用厚纸板制作的模型

3. 模型纸板

模型纸板是建筑模型制作常用的另外一种材料，通常的规格可以分为厚度为 1 mm 的和厚度为 2 mm 的白色纸板，以及厚度为 4 mm 的灰色糙纸板。模型纸板的柔韧性适中，由于其具有较好的刚性和适当的厚度，通常在制作过程中充当建筑模型的外墙、底面及中间的支撑体。

图 2-5 为模型纸板，图 2-6 为用模型纸板制作的模型。

图 2-5　模型纸板

图 2-6　用模型纸板制作的模型

上述 3 种材料同属于纸板类材料，其材料的优缺点较为一致。

材料优点：适用范围广，品种、规格、色彩多样，易折叠、易切割，加工方便，表现力强。

材料缺点：物理特性较差，强度低，吸湿性强，受潮易变形，在建筑模型制作过程中，粘接速度慢，成型后不易修整。

2.1.2　塑料类材料

塑料是以天然树脂或人造合成树脂为主要成分，并加入适当的填料、增塑剂、稳定剂、润滑剂、色料等添加剂，在一定温度和压力下塑制成型的一类高分子材料。

塑料作为模型制作中广泛使用的一种材料，其性能优良，具有材质轻、电绝缘性强、耐腐蚀性强等特性，加工成型方便，具有装饰性和现代质感，而且塑料的品种繁多，物美价廉。"以塑代钢""以塑代木"，使塑料迅速成为与钢铁、有色金属同等重要的基础材料。

建筑模型制作常用的塑料有以下几个类型。

1. ABS 塑料——ABS 板

ABS 塑料是丙烯腈－丁二烯－苯乙烯的共聚物，具有强度高、材质轻、表面硬度大、光洁平滑、质地优良、易清洁、尺寸稳定、抗蠕变性好等优点。ABS 板通过现代技术的改进，增强了耐温、耐寒、耐候和阻燃的性能，机加工性优良，兼具韧、硬、刚相均衡的优良力学性能。ABS 板常为磁白、浅米黄色，是当今流行的手工及计算机雕刻制作模型的主要材料。在模型设计制作中，ABS 塑料主要有板材、管材及棒材 3 种类型，板材常用于建筑模型主体结构材料。

材料优点：适用范围广，材质劲挺、细腻，强度较高，易加工，染色性、可塑性强。

材料缺点：热变形温度较低，材料塑性较大。

图 2-7 为 ABS 板，图 2-8 为模型公司用 ABS 板制作的建筑模型。

图 2-7　ABS 板

图 2-8　模型公司用 ABS 板制作的建筑模型

2. 有机玻璃——亚克力板

有机玻璃又称聚甲基丙烯酸甲酯，制成板材后称亚克力板。它是一种热塑性树脂合成物，有较好的透光性，材质很轻，轻便灵活。但它易刮伤，运送时需包一层保护膜。有机玻璃表面结构有磨光的、闪耀的、无光泽的、脱粒的、沟纹的等。从品种上有机玻璃可分为无色透明和有色透明两种。有色有机玻璃是在有机玻璃中加入各种染料制成的。

亚克力板厚度为 1.5～8 mm，板上有条纹且在涂上润滑油后用金属切削方式加工，适用于模型制造。板材常用于建筑与环境模型主体结构材料，是水面制作的首选材料。

上述两种材料同属于塑料类材料，其材料的优缺点较为一致。

材料优点：质地细腻、挺括，可塑性强，通过热加工可以制作各种曲面、弧面、球面的造型。

材料缺点：易老化，不易保存，制作工艺复杂。

如果使用激光计算机雕刻机，一定要使用亚克力板，ABS板容易被烧融。

图2-9为亚克力板，图2-10为用透明亚克力板制作的建筑模型。

图2-9　亚克力板

图2-10　用透明亚克力板制作的建筑模型

3. 聚氯乙烯——PVC板

聚氯乙烯是制作模型框架的首选材料，又称PVC塑料。主要有片材、管材、线材。

PVC板用途与有机玻璃相仿，透光PVC胶片是一种硬质超薄型材料，可涂饰各种颜色，加工切割方便，适合做现代建筑的透光材料。

瓷白色的板材，厚度为 0.3～20 mm，是一种性能有别于 ABS 板的用于手工及计算机雕刻加工制作建筑模型的主要材料。

PVC 板优点：适用范围广，材质挺括，易加工，着色强、可塑性强。

PVC 板缺点：材料密度低，切削后断面略显粗糙，后期面层加工制作难度较大。

图 2-11 为 PVC 板，图 2-12 为用 PVC 板制作的建筑模型。

图 2-11　PVC 板

图 2-12　用 PVC 板制作的建筑模型

4. 聚苯乙烯泡沫——KT 板

聚苯乙烯泡沫同样是一种用途相当广泛的材料，属于塑料的一种，是用化工材料加热发泡而制成的。用聚苯乙烯泡沫制成的板材称为 KT 板，是制作建筑模型常用的材料之一。该材料由于质地比较粗糙，因此，一般只用于制作方案构成模型、研究性模型。在切割 KT 板时要及时更换刀头，可用双面胶、乳胶、大头钉来固定，易被模型胶腐蚀。

KT 板优点：造价低，材质轻，易加工，来源广，颜色多样化，便于表现地形起伏与落差，常用来做模型底板。

KT板缺点：质地粗糙，不易着色（该材料由化工原料制成，在着色时不能选用带有烯料类的涂料）。

图2-13为KT板，图2-14为用KT板制作的建筑模型。

图2-13　KT板

图2-14　用KT板制作的建筑模型

2.1.3　木质类材料

木板是国内外设计师常用的制作模型的材料，可以用来制作色彩单纯、质感朴素的模型。用它制作从底板到建筑主体的构件等，表现力极强。这是因为木材有坚固、质感好、尺寸稳定的特性，并且能被很好地加工处理。由于手工制作的要求很高，因此，一件真正好的木制表现模型，价格十分昂贵。

木板材是建筑模型制作的基本材料之一。最常用的是轻木、软木和微薄木。

1. 轻木

轻木通常采用泡桐木、巴沙木为原材料，是经过化学处理、脱水而制成的板材，亦称航模板。这种板材质地细腻，且经过化学与脱水工艺处理，所以在剪裁、切割过程中，无论是沿木材纹理切割，还是垂直于木材纹理切割，加工面都不会劈裂。此外，可用于建筑模型制作的木材还有椴木、云杉、杨木、朴木等，这些木材纹理平直，且质地较软，易于加工和造型，但在采用上述木材制作建筑模型时，材料一定要经过脱水工艺处理。

图 2-15 为轻木板，图 2-16 为用轻木板制作的建筑模型。

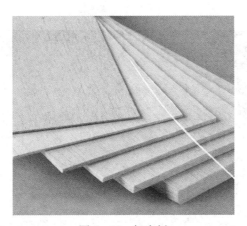

图 2-15　轻木板

图 2-16　用轻木板制作的建筑模型

2. 软木

软木也是制作建筑模型的基本材料。该材料是将木材粉碎后制成的一种新板材，厚度为 3～8 mm，具有多种木材肌理，是制作建筑模型地形的最佳材料之一。

图 2-17 为软木，图 2-18 为软木材质地形模型。

图 2-17　软木

图 2-18　软木材质地形模型

3. 微薄木

微薄木是一种较为流行的木质贴面材料，俗称木皮。它是由圆木旋切而成的。厚为 0.5～1.0 mm，具有多种木材纹理，可用于建筑模型面层处理。

图 2-19 为微薄木，图 2-20 为微薄木建筑模型。

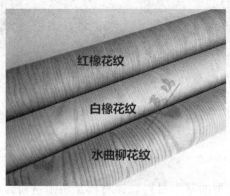

图 2-19　微薄木

图 2-20　微薄木建筑模型

4. 竹签与藤条

竹签与藤条是制作建筑模型的基本材料。一般在制作建筑主体或屋顶时使用。

图 2-21 为各式竹签与藤条，图 2-22 为竹签建筑模型，图 2-23 为藤条建筑模型。

上述 4 种材料同属于木质材料，其材料的优缺点较为一致。

材料优点：材质细腻，纹理清晰，极富自然表现力，易加工。

材料缺点：吸湿性强，易变形。

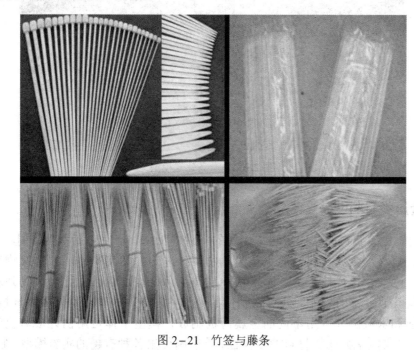

图 2-21　竹签与藤条

图 2-22 竹签建筑模型

图 2-23 藤条建筑模型

2.1.4 金属类材料

金属材料是建筑模型制作中经常使用的一种辅助材料。它包括：钢、铜、铅等的板材、管材、线材。金属材料一般用于建筑物某一局部的加工制作，如建筑物墙面的线角、柱子、网架、楼梯扶手等。除了用于制作支承结构、钢结构、建筑物外观、栏杆的扶手或是其他金属构造外，还可以制作其他部件，如底板可用铝制成，地板、墙壁、屋顶、交通和水域部分可用不同的金属薄板制成，模型主体可用由许多着色的金属块组合而成。如果能掌握此类材料的多样性，就能制作出各种有趣的实验模型，如图 2-24 所示。

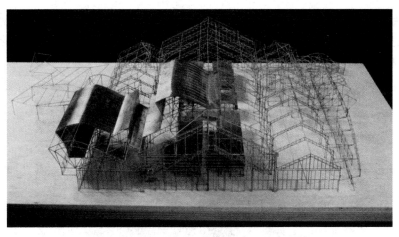

图 2-24　用铁丝与有色金属制作的建筑模型

1. 金属材料的分类与用途

金属材料分为钢铁材料、有色金属材料及合金材料。直接用于建筑与环境模型表面的金属材料主要有不锈钢、铝合金、铅、铸铁等。金属材料还常用于底盘与面罩的制作及环境模型中的管道、路灯、电杆、栏杆等。

2. 金属材料的加工

在模型制作过程中，金属片、管、杆的制作有时需弯折屈曲，对此可通过人工和机器两种方法进行。人工通常屈折 0.5 mm 厚的金属片和较长较细的金属杆、管。对于较厚的金属板材及长度较小的金属片、管、杆等，其屈折可借助于工具。在建筑与环境模型表现中，常用的金属有以下几种。

（1）铝合金。质轻价廉，其强度却可与钢材媲美，又无须作防锈处理，通过"氧化着色"处理，可显现不同的颜色，如金黄色、青铜色等。图 2-25 为铝合金建筑模型。

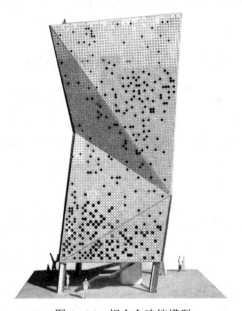

图 2-25　铝合金建筑模型

（2）不锈钢。以底盘为例，一般小型模型底盘边可以用不锈钢角钢或槽钢包边装饰；中型模型底盘可用不锈钢扣板或扇形材料包边装饰；大型模型底盘就要用扇形材料作框，内贴不锈钢板包边进行装饰。图 2-26 为不锈钢建筑模型。

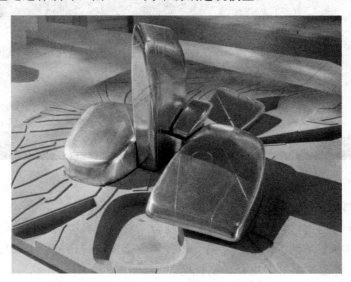

图 2-26　不锈钢建筑模型

（3）铅。用来制作古建筑和放大的古建筑局部（如斗拱、檐口、瓦当、栏杆等）和复制古董。还可在古典建筑模型中做一些复杂的檐口、栏杆等配件，或者做小拱桥、四角亭、八角亭、九层塔等。

（4）其他金属材料。包括白铁皮、铜丝、钢丝等，常用在一些特殊模型如油库模型、港口模型、桥梁模型中。例如，做油罐需用镀锌薄钢板（俗称白铁皮）或镀锡薄钢板（俗称马口铁）；做铁塔要用铜丝焊接；做桥梁要用细钢丝拉弦。有些特大型模型的底盘还需用角铁加固。

2.2　建筑模型辅助材料

建筑模型辅助材料是用于制作建筑模型主体及主体以外部分的材料。它主要用于制作建筑模型主体的细部和环境。辅助材料的种类很多，尤其是近几年来涌现出的新材料，无论是从仿真程度，还是从使用价值来看，都远远超越了传统材料。这种超越，一方面使建筑模型更具有表现力，另一方面使建筑模型制作更加系统化和专业化。

1. 瓦楞纸

瓦楞纸板的波浪纹是用平滑的纸张粘接在一面或是两面上形成的，有不同的质地和尺寸大小，这种瓦楞纸有可卷曲或较硬挺的特性，它也有多层较厚的平板，对于制作地形模型而言，瓦楞纸是一种理想的材料（见图 2-27）。它材质轻，质感逼真，不过负荷过重也会被压扁。瓦楞纸的波浪越小、越细，就越坚固。瓦楞纸板是制作别墅屋顶的理想材料，适合学校教学使用，价格也比较适中。塑料瓦楞纸板的材质与制作墙体的塑料板的材质类似，在使用时可以根据需要喷色，如图 2-28 与图 2-29 所示。

图 2-27　纸质瓦楞纸板

图 2-28　塑料瓦楞纸板（可喷色）

图 2-29　塑料瓦楞纸板别墅模型

2. 镭射纸

镭射纸是模仿镭元素制成的新型装饰纸质材料（见图 2-30），常见的多为金色和银白色，具有光泽和结晶，在光线照射下具有放射性和闪光的视觉效果，在模型表现中常用于建筑外墙的装饰。在模型制作中镭射纸通常代替铝板等反光感较强的材料。

图 2-30　镭射纸

3. 太阳膜

太阳膜是一种贴窗户的特殊薄膜（见图 2−31），可以用来制作模型的窗户玻璃，尤其是高层建筑的幕墙，效果极佳。图 2−32 为建筑模型玻璃幕墙。

图 2−31　太阳膜　　　　　　　　　　　图 2−32　建筑模型玻璃幕墙

4. 即时贴

即时贴（不干胶纸）是一种在平面广告制作中常用的材料（见图 2−33），有各种颜色和纹理，尤其是木纹和石头纹，在模型制作中运用十分广泛，可用于地板、墙体及一些配景的制作，也可用于建筑模型的窗、道路、建筑小品、房屋的立面和台面等处的装饰。

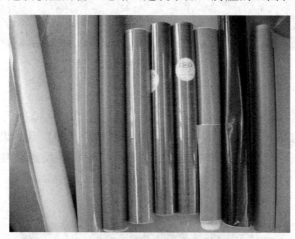

图 2−33　即时贴（不干胶纸）

5. 仿真草皮

仿真草皮是用于制作建筑模型绿地的一种专用材料（见图 2−34）。该材料质感好，颜色逼真，使用简便，仿真程度高。目前，该材料有的为进口，产地分别为德国、日本等国家，价格较贵。

6. 绿地粉和树粉

绿地粉和树粉主要用于山地绿化和树木的制作（见图 2−35）。该材料为粉末颗粒状，色彩丰富，通过调合可以制作多种绿化效果，是目前制作绿化环境经常使用的一种基本材料。

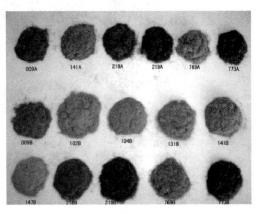

图 2-34　仿真草皮　　　　　　　　图 2-35　绿地粉和树粉

7. 泡沫塑料

泡沫塑料主要用于绿化环境的制作。该材料是以塑料为原料，经过发泡工艺制成的，具有不同的孔隙与膨松度。该材料可塑性强，经过特殊的处理、加工和染色后，是制作比较复杂的山地、沙滩、树木、花坛等环境的理想材料。泡沫塑料是一种使用范围广、价格低廉的制作绿化环境的基本材料。

制作树木的泡沫塑料一般分为两种。一种是一般常见的细孔泡沫塑料（海绵），其密度较大，孔隙较小，该材料制作树木局限性较大（见图 2-36）。另一种是大孔泡沫塑料，其密度较小，孔隙较大，是制作树木的一种较好的材料（见图 2-37）。

上述两种材料制作树木的表现方法有所不同，一般分为抽象和具象两种表现方式。

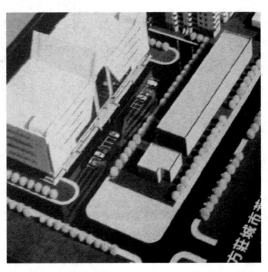

图 2-36　细孔泡沫塑料（海绵）制作的概念树

图2-37　粗孔泡沫塑料制作的树木与假山配景

8. 水面胶

水面胶又称为 AB 水，是一种双组份树脂材料，仿制水面效果极佳（见图2-38）。使用时按比例调制，搅拌均匀后，倒入模型的相应位置，数分钟后即可固化。该材料适用于小面积水面的仿真制作。

图2-38　水面胶制作的流水环境景观

9. 橡皮泥

橡皮泥（油泥）可塑性强，在使用过程中不易干燥，便于修改，是模型制作中理想的配景材料（见图 2-39）。该材料是常用的建筑模型材料，加工简易。同时，如果需要着色也十分简单，可以采用喷漆的形式。这种建筑模型材料适合制作陶艺沙发、陶艺电视机柜、陶艺室内洁具、陶艺厨房设施、陶艺床、盆栽、果盘、水果等模型。室内厨房、卫生间及电器设施的制作能使得室内环境与气氛更富有生机，虽然琐碎，但是能真实地反映室内装饰的效果，如图 2-40 所示。

图 2-39　橡皮泥（油泥）

图 2-40　橡皮泥（油泥）制作的人物配景

10. 石膏

石膏是一种适用范围较为广泛的材料。该材料是白色粉状，加水干燥后成为固体，质地较轻而硬（见图 2-41），适合塑造各种物体的造型。同时，还可以用模具灌制法，进行同一物件的多次制作。另外，在建筑模型制作中，还可以与其他材料混合使用，通过喷漆着色，具有与其他材质一样的效果。该材料的缺点是干燥时间较长，在加工制作过程中物件容易损坏。同时，因受材质自身的限制，制成物体的表面略显粗糙。图 2-42 为用石膏粉材料制作的山地造型。

图 2-41　石膏粉

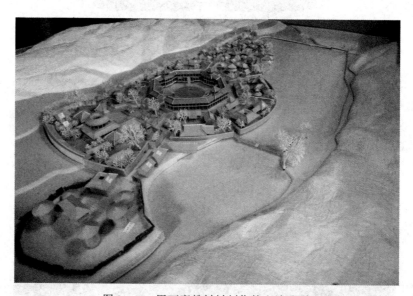

图 2-42　用石膏粉材料制作的山地造型

11. 型材

建筑模型型材是将原材料初加工为具有各种造型、各种尺度的材料。现在市场上出售的建筑模型型材种类较多，按其用途可分为基本型材、仿真型材、成品型材。基本型材包括角棒、半圆棒、圆棒等，主要用于建筑模型主体部分的制作（见图 2-43）。仿真型材包括屋瓦、墙纸等，主要用于建筑模型主体内外墙及屋顶部分的制作（见图 2-44）。成品型材包括围栏、标志、汽车、路灯、人物等，主要用于建筑模型配景的制作（见图 2-45）。

上述型材的使用既简化了加工过程，又提高了制作精度及仿真效果。但值得注意的是，这些型材都是依据不同尺度制作的，在使用时要选用与制作的建筑模型比例相吻合的型材。

图 2-43　基本型材

图 2-44　仿真型材

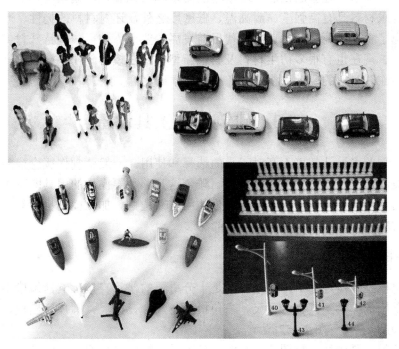

图 2-45　成品型材

12. 灯光

用 LED 发光二极管来营造灯光，如 LED 灯条、跑马灯条、斑马线灯条等。图 2-46 为灯光设备，图 2-47 为灯光建筑模型。

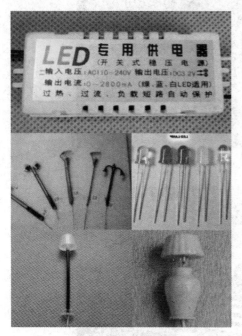

图 2-46 灯光设备

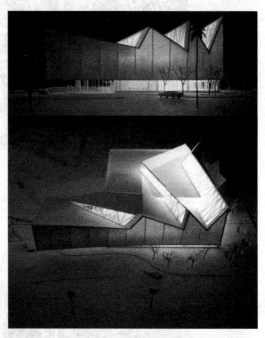

图 2-47 灯光建筑模型

随着科学技术和社会的发展，对模型的要求越来越高，对模型材料的要求也越来越高。除了要求材料具有高强度、耐高温、低密度之外，还对材料的韧性、耐磨、耐腐蚀等性能提出了更高的要求。为适应现代日益发展的要求，使得一些特殊材料的开发和研究势在必行。现在也有很多仿生材料及其他新型材料在模型制作中被尝试性地使用和研究。模型制作对材料的要求也将推动各种材料学研究的深入。

2.3 建筑模型工具设备

任何造型艺术设计都离不开对工具的选择和使用，一般就制作概念模型、扩展模型而言，只要能够满足绘图、测量、切削、雕刻这几项主要操作的用具即可工作。因此，制作模型所使用的工具也应随其制作对象的内容来选购。加工模型材料的工具常常决定模型制作的精细程度，并最终决定模型的品质。

2.3.1 绘图测量工具

在建筑模型制作过程中，测绘工具是十分重要的，将直接影响建筑模型制作的精确度。一般常用的测绘工具有：直尺、三角板、弯尺、三棱尺、圆规、模板、蛇尺、游标卡尺等，如图 2-48～图 2-52 所示。

（1）直尺：是画线、绘图和制作的必备工具，常用的是 60 cm 规格。

（2）三角尺：是测量、绘制平行线、垂直线、直角与任意角的最佳工具。

（3）圆规、量角器：主要用于测量与画圆、曲线等。

（4）游标卡尺：是测量、加工物件内外径尺寸的量具，精确度可达±0.02 mm。此外，它还是在塑料材料（如 PVC 板、ABS 板、亚克力板）上画线的理想工具。

（5）蛇尺：是可以根据曲线的形状任意弯曲的测量、绘图工具。具体使用时可根据需要选用。一般用于不规则图形的绘制，如景观中的湖面等。

（6）钢角直尺：画垂直线、平行线与直角，也用于判断两个平面是否相互垂直，辅助切割。

（7）卷尺：用于测量较长的材料。

图 2-48　各种测绘工具

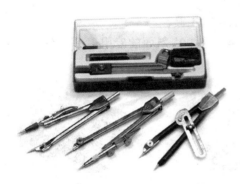

图 2-49　圆规　　　　　　　　　　图 2-50　三角尺、量角器

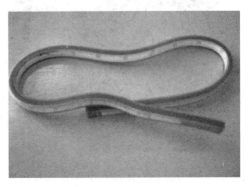

图 2-51　游标卡尺　　　　　　　　图 2-52　蛇尺

2.3.2 常用剪裁、切割工具

剪裁、切割工具贯穿建筑模型制作过程的始终。工具种类有美工勾刀、手术刀、推拉刀、45°和90°切刀、切圆刀、剪刀、手锯、钢锯、电动手锯、电动曲线锯、电热切割器等，如图2-53与图2-54所示。

（1）手术刀：主要用于各种薄纸的切割与划线，尤其是建筑门窗的切、划。

（2）美工勾刀：是切割有机玻璃、亚克力板、胶片和防火胶板的主要工具。

（3）剪刀：用于裁剪纸张、双面胶带、薄型胶片和金属片的工具。根据用途通常需要几把不同型号的剪刀。

（4）切割垫：在切割时垫在纸张下面，可以避免刀片划伤桌面，同时也起到保护刀片的作用，能够有效延长刀片的使用寿命，节约制作成本，切割垫本身的刀痕也会自动愈合，使用周期较长。切割垫分为A3和A4两种尺寸，制作舰船等大型纸模建议使用A3尺寸的切割垫。

（5）冲子：用于切割小的圆形部件。

（6）圆规刀（切圆刀）：专用于切割圆的工具，切割出来的圆比较精确和平滑，是一般剪刀、裁纸刀等无法替代的，是手工制作阶段必备的工具之一。切割圆形部件或挖孔，但操作不易，不建议新手使用。

（7）常用美工刀：又称为墙纸刀，主要用于切割纸板、卡纸、吹塑纸、软木板、即时贴等较厚的材料。

（8）木刻刀：用于刻或切割薄型的塑料板材。

（9）微型手锯：用于切割木板或有机板的切割工具。

（10）45°和90°切刀：是一种用于切割45°和90°斜面的专用工具，在加工KT板时特别适用。

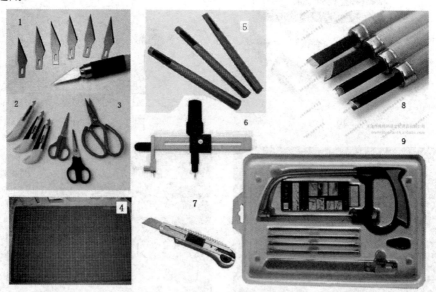

1—手术刀；2—美工勾刀；3—剪刀；4—切割垫；5—冲子；6—圆规刀（切圆刀）；7—常用美工刀；8—木刻刀；9—微型手锯

图2-53 常用剪裁、切割刀具

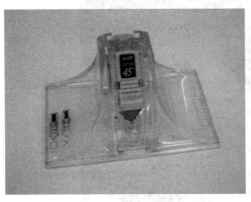

图 2-54　45°和 90°切刀要与铝制槽尺配合使用

（11）微型机床切割机：相比手工切割，使用小型或微型机床进行切割能够更好地提升工作效率（见图 2-55），同时，使用高精度的锯片，能够使切割面更加整齐、平整。微型机床切割机搭配不同的锯片，能够用于切割比较厚、硬的板材，如图 2-56 所示。

（12）计算机雕刻机：能够按要求精确雕刻模型构件，是专业模型公司制作模型的常用工具，如图 2-57 所示。

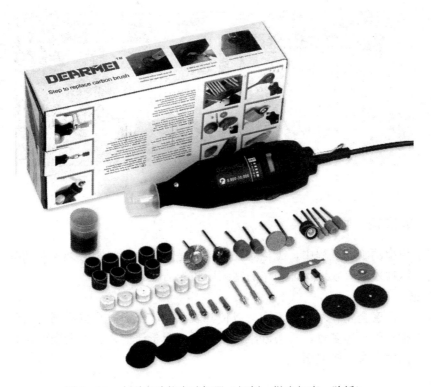

图 2-55　小型多功能电动机器（切割、抛光打磨、除锈）

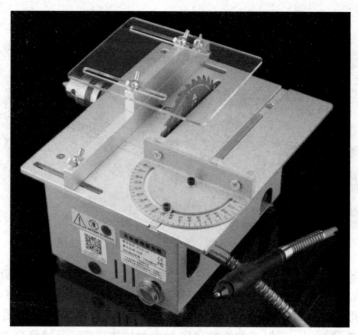

图 2-56 微型机床切割机

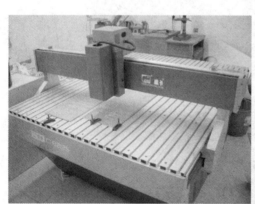 

图 2-57 计算机雕刻机

2.3.3 打磨修整、喷绘工具

在建筑模型的制作过程中，无论是在粘接还是喷色之前，都必须先对切割好的材料进行打磨，这样才能有效地保证制作的精细度和光洁度。

1. 砂纸

砂纸用于研磨金属、木材等表面，以使其表面光洁平滑。根据不同的研磨材质，有干磨砂纸、耐水砂纸等多种。干磨砂纸（木砂纸）用于研磨木、竹器表面。耐水砂纸用于在水中或油中研磨金属表面。

2. 锉

锉用于修平和打磨有机玻璃与木料。按锉的材质分为木锉与钢锉，木锉主要用于木料加工，钢锉用于金属材料与有机玻璃加工。按锉的形状与用途分为方锉、半圆锉、圆锉、三角锉、扁锉、针锉，可视工件的形状选用。按锉的锉齿可分为粗锉、中粗锉和细锉。锉的使用方法有横锉法、直锉法和磨光锉法。

砂纸如图 2-58 所示。锉如图 2-59 所示。

图 2-58　砂纸

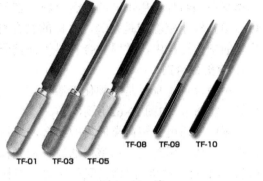

图 2-59　锉

3. 喷漆

喷漆用于模型物体表面的喷色处理。有气泵式喷漆与手持式自喷漆，其中，以市场上的罐装手持式自喷漆最为常见，使用方便，颜色多样，价格也不高，非常实用。自喷胶适用于粘接面积较大的材料，如在制作模型底盘和草坪时，就可以选用喷胶来粘接，它喷出的胶成雾状，也比较均匀。模型油漆与自喷漆如图 2-60 所示。图 2-61 为微型气泵自喷漆。

图 2-60　模型油漆与自喷漆

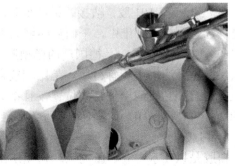

图 2-61　微型气泵自喷漆

2.3.4　常用黏合材料

粘接是建筑模型成形的重要手段之一，为了确保模型的整洁，了解黏合材料的种类及黏合材料与所粘材料的性质是非常必要的。不同模型材料的特性有较大的区别，要根据模型材料的特性选用不同的黏合材料。在使用不同的黏合材料时要考虑到有些黏合材料可以填补较小空隙或是裂缝，这样的黏合材料有两种组成成分——瞬间胶和溶剂胶。在模型的制作过程中，常用黏合材料的种类分为以下几种。

1. 溶剂黏合剂

这种黏合剂本身只是一种化工溶剂，一般有易燃、易挥发、有毒的特点。例如，三氯甲烷（氯仿），如图 2-62 所示。

三氯甲烷适用于塑料类板材的黏合，是粘接亚克力板、ABS 板的最佳黏合剂，但该溶剂有毒，在使用时应注意室内通风，避光保存。在使用三氯甲烷时应注意避免碰到泡沫塑料、KT 板等材料，因为三氯甲烷对这些材料具有很强的腐蚀性，而且腐蚀速度很快。三氯甲烷还具有一定的毒性，使用后应及时洗手，避免碰到眼睛等部位。一般配合注射器与小号毛笔使用。注意：有些溶剂对人造材质是有侵蚀性的，所以，在模型制作时应进行粘接测试。

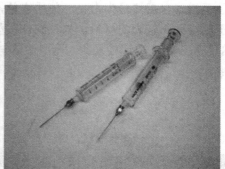

图 2-62　三氯甲烷

2. 瞬间胶

对建筑模型而言，瞬间胶是非常实用的一种胶（借助空气或湿度反应）。瞬间胶分为可渗透的和不可渗透的两种。瞬间胶比较稀，不好控制，容易弄脏构件，此外，还要当心不能溅到皮肤上，需小心使用。

（1）502 胶、101 胶，粘接效果最牢靠，适合细小零部件，同时也可用作固化剂。502 胶能够渗透到纸张纤维中，干固后能够大大增加纸张强度。

（2）UHU 模型胶，是德国产的模型胶，干燥的速度和黏合性都比白乳胶好，但价格比较贵。基本适用于所有材质，是比较适合手工制作的黏合剂。黏结干化时间相比 502 胶较长，有充足时间调整物体位置，且不会被吸水材质过度吸收而浪费胶水，价格略高于 502 胶。使用 UHU 模型胶时应避免接触泡沫材料，以免腐蚀这些材料。

3. 白胶

白胶是以在水中会膨胀的人造树脂所组成的。在水分蒸发后，人造树脂会形成一层几乎无色的薄膜，可以用于纺织品、纸箱和纸类的粘接，如白乳胶、胶棒、胶枪等。

（1）白乳胶，又称白胶，为白色胶浆，这种黏合剂的使用前提是至少有一种材质是可以透气的，这样溶剂的水分才能蒸发。它凝固较慢（约 24 h），常用于大面积粘接木料、墙纸和沙盘草坪。

（2）胶棒，又名热熔胶棒。热熔胶棒是以乙烯-醋酸乙烯共聚物（EVA）为主要材料，加入增黏剂与其他成分配合而成的固体型黏合剂，具有快速粘接，强度高，耐老化，无毒害，热稳定性好，胶膜有韧性等特点。可用于木材、塑料、纤维、织物、金属、家具、灯罩、皮革、工艺品、玩具、电子（电器）元器件、纸制品、陶瓷、珍珠棉包装等一些互粘固体，普遍为工厂、家庭所使用。

（3）热熔胶枪，具有多种多样的喷嘴以适应多种不同的待粘接面。热熔胶枪在接通电源后迅速加温，溶解胶条涂抹在待粘接物体表面，胶水降温后即可粘接物体。可以用于粘接皮革、玻璃、金属、木材、纺织品、塑料等材料，粘接速度非常迅速，缺点是需要用电加热，使用不慎容易发生烫伤、漏电等危险。

4. 万能胶

万能胶又称立时得，主要粘接夹板、防火板。在粘接时需将待粘体清洗干净，用刮刀（亦可用夹板条或金属片）将胶液刮涂于被粘体表面，待 10～15 min 凝固后再粘接并稍加压力。

5. 胶带

胶带因不需要干燥的时间，在提高工作效率方面远比其他黏合材料优越得多。但胶带的黏合力较弱，仅在特定场合下使用。胶带又分双面胶带和玻璃胶带。随着工业的发展，优质胶带层出不穷，给制作模型带来了极大的方便。双面胶带在模型制作时，一般作为辅助黏合材料使用。

图 2-63 为各种黏合材料。

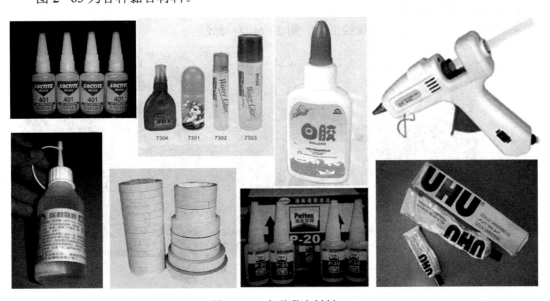

图 2-63　各种黏合材料

2.3.5 其他工具

1. 记号笔

记号笔用于做记号，在卡纸材料上通常用较硬的铅笔（H～3H），如图2-64所示。

图2-64　记号笔

2. 镊子

在制作细小构件时需要用镊子来辅助工作（见图2-65）。零件刚刚粘上后，可以用镊子夹紧粘接面，这样可以粘得更牢固。很多小零件也需要使用镊子夹取。对于精密度高的模型，零件通常比较细小。镊子不但方便夹起细小的零件，更可避免因手指沾上胶水而弄污纸张。

3. 鸭嘴笔与勾线笔

鸭嘴笔与勾线笔是画墨线的工具。图2-66为勾线笔。

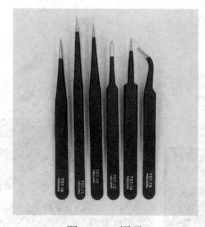

图2-65　镊子

图2-66　勾线笔

4. 清洁工具

在模型制作过程中，模型上会落有很多毛屑和灰尘，还会残留一些碎屑，可以用板刷、清洁用吹气球等工具来清洁处理。图 2–67 为清洁工具。

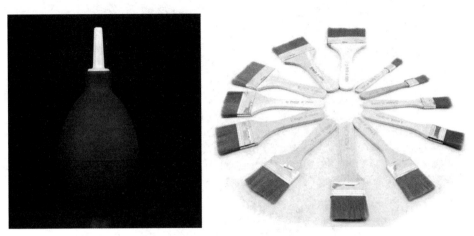

图 2–67　清洁工具

5. 图钉、大头针等固定材料

图钉、大头针（见图 2–68）等固定材料用于组合模型和固定模型。

图 2–68　图钉、大头针等固定材料

以上所列工具都是模型制作常用的工具，在这里整理总结出来，可以让学生借鉴。当然，这些并不是刻板的，这些工具的用处也不是一成不变的，在实践中要不断创新，寻找到更好的工具或现有工具的更新用法。

拓展训练 ●●●——————————————————————————————————

课题主题：组合材料的空间构成训练。

制作要求：不限制材料，可运用多种材料进行空间关系的构成练习。要求在 400 mm×400 mm 的基座上，用抽象的构成语言表达出空间分割方式及空间的组合关系——空间的竖向分割、空间的水平分割、包容式空间、空间的穿插、空间的线性组合、空间的中心式组合、空间的序列等。具体示例如图 2–69～图 2–74 所示。

制作案例：

图 2-69　组合材料的空间构成训练（一）

（注：使用白色雪弗板，运用抽象的构成手法，训练对建筑体量与比例关系的空间感受）

图 2-70　组合材料的空间构成训练（二）

（注：使用木质线条和喷了自然墨迹的白色卡纸制作的空间构成训练作业，研究空间虚实关系与体量关系）

图 2-71　以喷了银色模型漆的订书钉为主材制作的空间构成训练

图 2-72　木质线条制作的空间构成训练

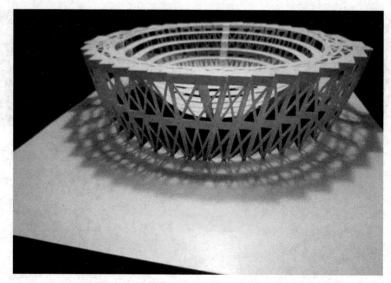

图 2−73　白色卡纸制作的空间构成训练

（注：研究空间的韵律感与秩序）

图 2−74　纸条与麻绳制作的空间构成训练

（注：运用线的基础元素塑造空间立体的构成美感）

第 3 章

建筑模型的设计制作过程与要素

本章教学导读

人们在房地产公司选房、看房时会看到形形色色的沙盘建筑模型，并常以此来决定是否购买房产。一名优秀的建筑模型制作者如何制作一个好的建筑模型呢？对于那些初学建筑模型制作的人员来说，模型制作是有一定难度的，但是对于专业人员来说就容易多了。现在的建筑模型制作并不是简单的仿型制作，而是由材料、工艺、色彩、理念组合而成的创作结晶。首先，建筑模型制作人员将建筑设计师图纸上的二维图像通过创意材料的组合形成三维的立体形态，即模型。其次，建筑模型制作人员通过对材料的手工与机械工艺加工，制作出具有转折、凹凸变化的表面形态。最后，建筑模型制作人员通过对模型表层进行物理与化学手段的处理，使模型产生惟妙惟肖的艺术效果。所以人们把建筑模型制作称为造型艺术。

本章教学重点是熟悉建筑模型制作的详细过程，理解建筑模型的功能要素、技术要素、美学要素，使学生在制作方案模型前，做好详尽的前期策划。

3.1 建筑模型的设计与制作过程

3.1.1 建筑模型制作前期策划与报价预算

1. 制作前期策划

制作人员根据甲方提供的平面图、立面图、效果图及模型要求，制订模型制作风格、表现形式、具体制作面积、比例、材料选用等计划。在统筹计划中，可以大体确定表现对象的特征、大小及重点表现的部分等，然后需要考虑模型的"表现方法"问题，按照"表现方法"便可确定方案、比例等。

1）总体与局部

在进行每组建筑模型主体设计时，最主要的是把握总体关系，就是根据建筑设计风格、造型等，从宏观上控制建筑模型主体制作的选材、制作工艺及制作深度等要素。在把握总体关系时，还应结合建筑设计的局部进行综合考虑。因为建筑模型是由若干个点、线、面进行不同的组合而形成的。但从局部来看，造型上存在一定的个性差异，而且这些差异还制约工艺与材料的选择，所以在设计制作前一定要结合局部个体差异性进行综合考虑。

2）表现形式

建筑主体是根据设计人员的平、立面组合而形成的具有三维空间的建筑物。在进行建筑立面表现设计时，首先要将设计人员提供的立面图放至实际制作尺寸。然后对建筑设计的各立面进行观察，同时对最大立面、最小立面、最复杂立面及最简单立面进行对比。在进行建筑立面表现设计时，还应充分考虑建筑设计图纸立面所呈现的平面线条的效果，一定要分清楚它是功能性还是装饰性的效果，在进行建筑立面表现加工制作过程中，一定要做到内容与形式相统一。

3）比例尺

城市规划、住宅区规划等范围大的模型，比例一般为1:3 000～1:500，楼房等普通建筑物的比例则为1:200～1:50，通常采用与设计图相同的比例者居多。内部空间模型与其他建筑物的情况稍有不同，如果空间不是很大，则采用1:50才可能让人看得清楚。总之，模型比例的选择要从设计出发，具体情况具体分析。一般情况下，制作顺序是先确定比例，在比例确定后，再做出场地模型，最后制作建筑模型。模型制作者还必须清楚地形高差、景观印象等，多作几次研究分析，就可以着手制作模型了。

2. 模型报价预算

预算员在拿到图纸后会对沙盘模型进行一个评估。根据建筑风格、模型比例大小、材料工艺及图纸深度判断出制作的难易程度及材料的成本，最后签署相关的制作服务单。

3. 技术审核

相关人员核对、分析图纸，确定模型材质、处理工艺、制作工期及效果要求。图3-1为建筑模型制作前期策划的图纸准备。

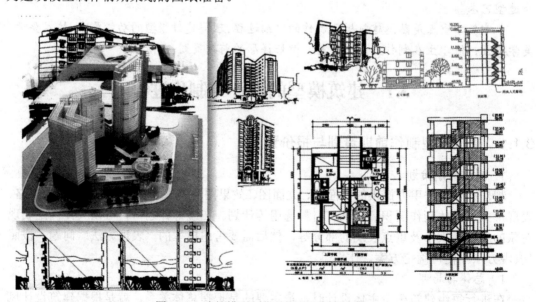

图3-1　建筑模型制作前期策划的图纸准备

3.1.2　建筑模型设计与制作场所准备

从绘图、看图、识图、起步骨架再到建筑物表现装饰、环境布置的整个过程，都要合理安排先后主次，尽可能地做到人工专业化和流水线操作。对制作建筑模型的场地有一定的要求，因为建筑模型制作场所条件直接影响到建筑模型制作的条件。

模型制作通常在两类场所进行：其一，是学校的模型制作教室；其二，是专业模型公司制作空间。

1. 学校模型制作教室

大多数建筑和环境艺术专业的教学环节都设有模型制作课程，学校一般会设立专业的模型教室供教学使用，但大多数教室是将操作台集中到一起的，学生分组进行制作。为教学环节所制作的模型多为设计类模型，主要是供设计参考及方案分析使用，所以模型的材料运用较为简单，多以手工操作为主，而专业模型的制作空间则有严格的要求。图 3-2 为学校的模型制作教室。

图 3-2　学校的模型制作教室

2. 专业模型公司制作空间

专业的模型一般按照模型制作流程和制作程序分为 4 个加工空间。

第一个加工空间是模型底盘制作空间（见图 3-3），它要求空间开阔，适于较大型的切割工具进行操作，同时应为展台的放置提供空间。

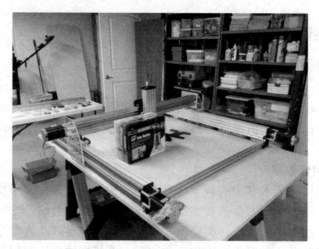

图 3-3　模型底盘制作空间

第二个加工空间是建筑模型单体的制作空间，操作人员按照工作流程进行流水作业。此空间要求有良好的工作展台和照明环境。

第三个加工空间为景观制作空间，此空间多用于景观配景的制作。

第四个加工空间是加工车间，主要放置一些模型雕刻机和切割机，此空间要配置计算机控制机房来配合模型机器的操作，如图 3-4 与图 3-5 所示。

图 3-4　雕刻加工空间

图 3-5　打磨加工空间

制作较为正式的工作模型或成果模型对于场地和工具的要求比制作草模要高一些，因为所加工的材料往往强度、硬度更大，更耐久，对于制作的工艺和精度要求也更高。

一处面积足够、设备和工具完善、照明条件良好的加工车间是制作模型所必须的。设备和工具应按照加工工序合理摆放，配备必要的除尘通风设备，注意防潮、防火，对较危险的圆锯机等设备应重点关注。

3.1.3　建筑主体模型制作

1. 绘制与分解建筑模型图纸

绘制与分解建筑模型图纸是指将建筑的平、立面施工图进行单面的分解，再通过手工或计算机软件来绘制板材、雕刻图纸。该工序是整个模型制作的关键，它需要先对整个建筑模型有一个整体的认识，然后认真分析需要单独雕刻的平面或立面，如果图纸分解不准确，将直接影响后续工作。注意粘贴制作的流程，以及所使用板材的厚度。图3-6为绘制与分解建筑模型图纸。

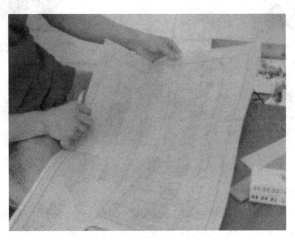

图 3-6　绘制与分解建筑模型图纸

2. 建筑模型切割

根据不同材料的特点，选择不同的切割方式，切割模型材料是一项费时、费力的枯燥劳动，需要静心、细心、耐心。基本形式有手工切割、手工锯切、机械切割、数控切割4种形式，如图3-7～图3-10所示。

建筑模型手工切割就是根据所绘制的分解图纸对板材进行切割，在进行手工切割或手工锯切时，一定要注意刀具与直尺的合理搭配应用，切忌一刀到底，很容易伤到手，可以在板材上来回推拉，直至切开板材。建筑模型数控切割是将 AutoCAD 中加工绘制分解图的图纸数据导入计算机雕刻机指令中，并选择好相应厚度的板材，然后操作机器进行雕刻。在雕刻过程中应注意：在板材上机之前，应在板材背面贴上单面胶，避免板材在雕刻过程中出现脱落、位移的现象。此外，在刻板前还应注意，要根据板材的厚度调试好雕刻机的雕刻深度。在雕刻过程中，则应经常使用吸尘器来处理因雕刻而产生的毛屑。

图 3-7　手工切割

图 3-8　手工锯切

图 3-9　机械切割　　　　　　　　　图 3-10　数控切割

3. 建筑模型粘接与组装

在粘接建筑模型的各单面形态之前，需要将切割好的单体构件处理干净，如用裁纸刀刮净板材的截面或用砂纸对截面进行打磨，使板材与板材之间的接缝密合。根据板材的性质选择适当的黏合材料，再进行单体模型组装，如图 3-11 所示。

图 3-11　建筑模型粘接与组装

建筑模型中的玻璃幕墙和窗户玻璃所采用的制作方法因模型的大小而异。如果模型较小，可在已经喷好色的胶板面上用勾刀直接勾画出代表铝合金结构的分割线，然后再使用丙烯颜料进行填充。玻璃置入墙体的方式常分为两种，一是整体粘接好建筑外墙后，再将整幅玻璃置入墙体内壁粘接固定，这种方式适用于外墙形式较为简单的建筑；二是先将玻璃与小幅墙体粘接好，再整体组装出建筑，这种方式适用于外墙形式较为复杂的建筑。如果制作的模型较大，则需要用板材雕刻的方法来制作铝合金构件，以提高模型的精致感。图 3-12 为建筑模型中玻璃幕墙和窗户玻璃切割，图 3-13 为建筑模型中玻璃幕墙和窗户玻璃的安装。

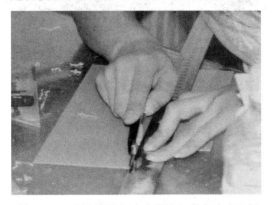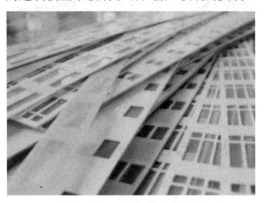

图 3-12　建筑模型中玻璃幕墙和窗户玻璃切割　　图 3-13　建筑模型中玻璃幕墙和窗户玻璃的安装

3.1.4　环境配景设计制作

模型的环境配景制作应与模型楼体制作同步进行。专业制作人员结合图纸进行设计制作，突出人与绿化的和谐统一及楼盘的精致。以甲方提供的整体方案为基础展开节奏的变化，形成点、线、面的结合。配景设计是模型制作设计中一个重要的组成部分，主要是指建筑主体以外的部分，如绿化树木、草坪、道路、水面、汽车、围栏、路灯、建筑小品等，这部分制作内容由造型与色彩构成。在设计配景制作时，除了要准确理解建筑设计思路和表现意图外，还要参考建筑主体及绿化的表现形式而进行构思。在由平面向立体转化的过程中，要准确掌握配景物的造型、体量、色彩等要素，根据建筑模型制作的比例加以概括，准确地把握与建筑主体、绿化的主次关系。同时，还应注意到这些配景与建筑主体既存在主次关系，又存在互补关系。图 3-14 为模型底盘，图 3-15 为平地与山地地形道路，图 3-16 为建筑模型绿化，图 3-17 为建筑模型水景。

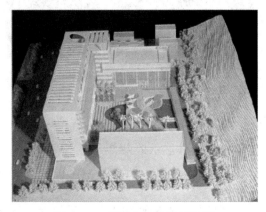

图 3-14　模型底盘　　　　　　　　　　图 3-15　平地与山地地形道路

图 3-16 建筑模型绿化   图 3-17 建筑模型水景

3.1.5 模型整体安装粘接与调试

1. 整体安装粘接

建筑模型和环境模型场景在制作完成后，根据图纸的布局，在模型的底盘上将它们整体拼装起来，如图 3-18 所示。

2. 灯光调试

灯光在建筑模型气氛的渲染中有十分重要的作用，而如何为建筑的各部分及环境调试出合适的色温和亮度，也是模型制作后期值得研究和推敲的内容。好的灯光效果能进一步提高建筑模型的品质及场景的真实感。集成电路块编程控制二极管或小灯泡的闪动变化，可表现出千变万化的霓虹灯夜景效果，如图 3-19 所示。

图 3-18 整体安装粘接   图 3-19 灯光调试

3. 音响动力

音响动力是继照明之后的又一高端表现方式，它能配合灯光为建筑模型营造出三位一体的多媒体展示效果。

3.1.6 建筑模型拍摄

建筑模型在制作完工后，质检部门及项目负责人要对照图纸进行细部检查和调整。

检查完整个建筑模型后，对建筑墙体进行细致的检查与清洁，确保模型无胶痕、无配件脱落、无磨损等，力保所有建筑细节完美无缺，再进行建筑模型的拍摄。

在网上经常能够看到一些精美的建筑模型图，尤其是一些模型制作公司为了记录和宣传他们制作的建筑模型，每个项目完成之后会拍摄大量的模型图片以便作后续宣传。想要拍出美观的建筑模型，要重视以下这些方面。

1. 拍摄的构图

一幅好的照片，它的最终视觉效果相当一部分取决于拍摄构图的合理性。在拍摄沙盘模型时，无论是拍摄全貌还是局部，都应以拍摄中心来进行构图，通过取舍把所要表现的对象合情合理地安排在画面中，从而使主题得到充分而完美的表达。

2. 拍摄的距离

任何模型的细部制作都有或多或少的缺陷，在拍摄照片时相机与模型的距离不能太近，否则会使缺陷完全暴露出来，同时也会因景深不够而使照片近处或远处局部变虚。如果模型较小，拍摄距离最好小于 1.2 m，如果沙盘模型较大，则以取景框能容下模型全貌为准。

3. 拍摄的视点

在拍摄规划模型时，一般选择高视点，以鸟瞰角度拍摄为主，因为规划模型主要是反映总体布局，所以，要根据特定对象来选取视点进行拍摄，从而使人们能在照片上一览全局，如图 3-20 所示。在拍摄单体模型时，一般选择的是高视点或低视点拍摄。当利用高视点拍摄单体建筑时，选取的视点高度一定要根据建筑的体量及形式而定。如果建筑物屋顶面积比较大，而高度较低，则在选择视点时可略低些，因为这样处理便可减少画面上屋顶的比例。反之，在拍摄高层且体面变化较大的建筑物时，选择的视点可略高些，这样可以充分展示建筑物的空间关系。利用低视点拍摄单体建筑模型，主要是为了突出建筑主体高度及立面造型设计。总之，在拍摄建筑模型时，一定要根据具体情况选择最佳距离和视角。无论怎样拍摄，都要有一定的内涵和表现力，并且构图要严谨，这样的照片才有价值，如图 3-21 与图 3-22 所示。

图 3-20　俯拍效果

图3-21 同一模型不同拍摄角度效果图（一）

图3-22 同一模型不同拍摄角度效果图（二）

4. 拍摄的背景处理

拍摄建筑模型，背景衬托是很重要的。在拍摄时应根据建筑的功能、整体颜色、环境和艺术处理的需要来确定背景材料的质感和色彩。例如，想以蓝天为背景，可选用蓝色的衬布或蓝色彩纸，这样拍摄出的背景简洁含蓄，建筑模型更突出。有色纸也可自制，选白色的卡纸或其他白色纸，用喷枪喷绘出所需的蓝天效果。如要表现建筑周围的绿化环境时，可将建筑模型放置在草坪之中或缀有树木的草坪之中来拍摄，这样可以加强建筑周围的绿化环境。如要表现建筑周围的建筑楼群时，可将建筑模型放置在建筑楼群中的某一高处，然后选择所需的角度进行拍摄，如图 3-23 与图 3-24 所示。

　　无论选用哪种背景进行拍摄，都要根据摄影作品的需要和个人的审美观来想象、构思与设计。

图 3-23　背景处理得当

图 3-24　背景与主体的交融处理

5. 拍摄的用光处理

为了获得一个好的拍摄效果，对模型进行普通或有目的的照明是很有必要的。

普通照明：可以实现光线的分配。为了避免过强的阴影，不能够让光直接照射在模型上，而是应该对着天花板或墙壁。

有目的的照明：对模型进行有目的的照明需要一些摄影棚灯具。可以将用简单的夹灯和镜子自制的摄影棚灯具固定在由木头制成的、高度可以调整到大约 2 m 的圆棒上面。将圆棒插进一个底座里。夹灯放在镜子的对面，这样可以使其光线对准模型。照明强度可以通过插入凹面镜和平面镜及调节灯来加以改变；光线可以通过在灯具前安装透明纸或彩色透明薄膜这种简单的方法来减弱或改变色彩。

拍摄建筑模型也涉及用光处理的问题。拍摄的光线分为室内光线和室外光线两种情况。

在室内光线的条件下进行拍摄时，可选择自然光线明亮的房间。如自然光线不足时，可索性选择无自然光的房间，用聚光灯或闪光灯进行拍摄。当用闪光灯协助拍摄时，将灯光照射的方向与建筑模型成 45°角，这样拍摄出来的建筑物模型照片具有较强的立体感。在室外光线下进行拍摄时，应选择光线充足的天气，根据阳光照射的角度，调整建筑模型的角度。一般光线与模型水平夹角为 45° 时为最佳。角度选择好，可使建筑模型照片具有更强的表现力和感染力，如图 3-25 与图 3-26 所示。

图 3-25　建筑模型室内光线

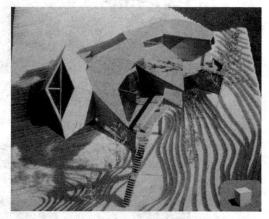

图 3-26　建筑模型室外光线

3.1.7　建筑模型的保存

建筑模型的保存一般是指建筑落成后要保存好的建筑模型。建筑模型的保存可根据保存期的长短来选择保存方法。如短期保存建筑模型，可采用纸、塑料膜或布等材料进行遮盖。如长期保存建筑模型，可采用有机玻璃板制成的罩子。

房地产模型制作完成后主要是用于观赏和收藏的，然而很多材料随着时间的推移可能会出现一些问题，或者容易积灰影响美观。想要房地产模型始终如新，就要注意保存方法。保存方法主要有以下 3 种。

（1）用透明度较好的塑料板粘接成一个透明罩，罩在房地产模型上，既能防止损坏、防灰尘，又能随时观赏。

（2）房地产模型的集中保存大多是以格架的方式。就像书架存书一样，制作一定尺寸的格架来存放模型。这种方法既防尘又节省空间。还有一种就是单独存放，可随时观赏，也易于搬迁。

（3）如果是大型房地产模型，可使用透明的有机玻璃罩进行保护，同时也不影响观赏，如图 3-27 所示。

图 3-27　加盖有机玻璃罩的模型

3.2　建筑模型的功能要素

3.2.1　服务于建筑规划、建筑设计

为制订理想的方案，需研究建筑模型设计的各个阶段和全过程。模型制作者对方案的每一次感悟与积累都将增强对设计的理解。通过制作的模型，设计师可以更加直观地观察空间的尺度、造型和采光情况，为提高空间的使用价值和增强空间的艺术效果服务，尤其在制作错综复杂的空间或把握建筑空间和外部环境的关系时是非常必要的。图 3-28～图 3-30 为设计方案模型。

1. 建筑模型对规划师的作用

对规划师来说，建筑模型能将其规划意图全部宏观地展示出来，规划范围内的空间关系一览无余。

2. 建筑模型对建筑师的作用

对建筑师来说，建筑模型是发展、完善其设计思想的最佳方式，能将抽象的思维表现为空间方案，为设计更加丰富、合理、适用的空间提供了便于深化创造的模拟形象。

3. 建筑模型对学生的作用

对学生来说，建筑模型能解释其苦思冥想难以想象的空间关系，可以轻松愉悦地理解书本与图纸难以传授的空间形象思维等问题。

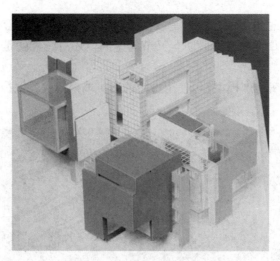

图 3-28　设计方案模型（一）

图 3-29　设计方案模型（二）

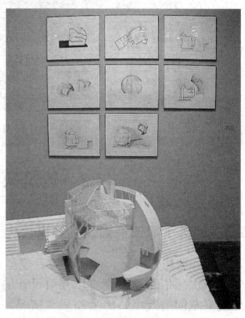

图 3-30　设计方案模型（三）

3.2.2　服务于建筑与环境效果表现

建筑模型可使建筑单位、审查单位等有关方面对建筑造型和周边环境的综合效果有比较真实的感受与体验。

（1）建设方与业主方突破了图纸的局限性，通过建筑模型完成信息交流。建筑模型让虚拟的人在街道上行走，车在道路上行驶，水在流动，使模型更加生动，甚至能展现建筑的夜景效果，利用新颖的展示方式把小区的特点全部展现出来，如图 3-31 所示。户型模型可以展现户型结构、户型设计，让客户更清晰地了解楼盘内部结构。建筑模型的宏观与微观相结合就可以把楼盘所有的结构都展现出来。

（2）为设计师和决策者敲定设计方案助力。模型制作者根据设计方案所制作的模型能较好地反映出建筑的内在空间联系，同时方便设计师从多角度来观察和推敲设计方案，模型的制作过程实际上也是设计师对设计方案深入感悟的过程。

图 3-31　售楼处小区景观规划建筑模型

3.2.3　服务于建筑与环境工程施工

建筑模型使施工单位和工程单位人员能形象地了解建筑与环境的造型关系，弥补图纸设计中不十分清楚和不完善的部分，便于施工。图 3-32 为某建筑模型。

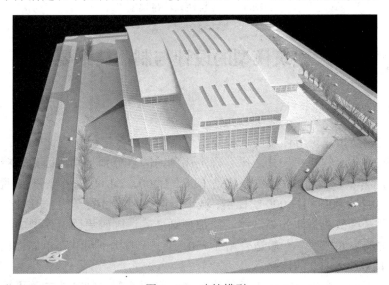

图 3-32　建筑模型

3.2.4　服务于业绩展示和楼盘销售

目前房地产建筑模型已经是开发商体现楼盘特点的必备工具。其作用有以下 3 个方面：一是让购房者了解小区的全貌。房地产模型是根据实际情况，按照一定的比例用模型制作出来的，包括楼盘的建筑、绿化、景观都在建筑模型上面展现出来，购房者通过观看建筑模型可以了解小区的全貌。二是还原小区的真实生活场景。随着房地产模型制作技术的成熟，房地产模型展示的效果也越来越逼真。三是让客户更清晰地了解自己要买的房子。户型模型更能展现户型结构、户型设计，让客户更清晰地了解楼盘的内部结构。

　　总之，房地产模型不仅观赏性高，其实用性也非常高。购房者在买房之前仔细研究房地产模型，能对建筑设计风格、环境有所了解，对购房决定具有指导意义。图 3–33 为某售楼处沙盘模型。

图 3–33　售楼处沙盘模型

3.3　建筑模型的设计与制作技术要素

3.3.1　模型的比例

　　模型的比例是指建筑与环境实景和模型这两个同类尺度的相互比较，是图纸、实物、模型三者之间相对应的线性尺寸之比。确定比例的因素分别是功用因素、精度、经济条件。实景尺度数与模型尺度数倍数一般是 1:50、1:200、1:1 000 等。一般来说，区域性的都市模型，宜用 1:3 000～1:1 000 的比例；城市街区规划项目的表现，一般比例为 1:2 000 的大尺度模型，模型的整体效果宏伟，局部刻画准确，同时更强调模型的观赏性及展示效果；群体性的小区模型，一般适合用 1:750～1:250 的比例尺寸；单体性的建筑模型，一般适合用 1:200～1:100 的比例。

　　单体建筑模型，重点反映建筑的体块关系、立面造型，细节的刻画更加精准。别墅性的小建筑模型，比较适合用 1:75～1:50 的比例；室内模型的剖面内构模型，一般适合用 1:45～1:20 的模型比例。别墅单体模型要求逼真地反映建筑的每一处细节变化，如窗口的凹凸、玻璃的质感、栏杆的样式、柱子的纹理等，就连游泳池里面的鹅卵石铺设图案都制作得生动逼真。

　　图 3–34 为模型标盘比例尺。

图 3-34　模型标盘比例尺

3.3.2　模型的精度

模型精度是指模型制作的精工程度或精密程度。确定模型精度的标准是容许表现细节误差的大小。制作大模型时精度低，制作小模型时精度高；比例大的模型精度高，比例小的精度低。一般情况下比例尺 1:3 000 误差 1 mm；比例尺 1:1 000 误差 3 mm；比例尺 1:100 误差 3 cm。

精确度是指模型制作的精细程度和准确度。不同比例的建筑模型应该有不同的精确度要求，不同精确度的模型也应有相应比例的表现。在建筑模型制作中，要求所制作的建筑门窗、阳台、装饰、墙面、天台、地面、家具等细节部分，以及周边环境的尺寸和细节准确，而容许表现细节误差的大小是确定模型精确度的标准。容许误差大的精度低，容许误差小的则精度高。

制作精度较高的模型要准确体现出楼板的厚度、墙体的转折变化、台阶的尺寸及窗户和栏杆的分割，这些细节都反映出设计的深化程度。纯手工制作的模型完全可以做到这些。机器加工的模型，雕刻机的制作精细到位，能较好地烘托出模型所展示的气氛。同时配合灯光的照明，使得模型具有丰富的层次变化。

图 3-35 为不同制作精度的模型。

图 3-35　不同制作精度的模型

3.3.3　模型的规整

高精度的模型不仅要表现建筑与环境的细节，还要体现工艺的规整性。规整的模型要有规整的表面。建筑的表面相当于人的皮肤，它的粗细、光洁、整齐、装饰都体现建筑设计的内容。所以，成功的模型制作者一方面要专心致志地制作建筑物的表面，另一方面又要挖空心思寻找合适的材料，为建筑物的表面进行装饰设计，用新材料模仿建筑物表面常常是模型制作者的创意之举。

规整的模型必有规整的收口和棱角。建筑物各个面的相交处都会形成收口和棱角。在概念上，收口和棱角是个点或线，向内凹或向外凸，它在表现建筑形体关系中具有重要的作用。棱角关系在模型中处理得规整，会产生简洁、鲜明、利落和精致的美感；反之，粗制滥造的收口和棱角，会使建筑模型显得粗笨、沉重。用木条材质制作的结构模型，模型的制作会比较严谨而规范，体现出良好的空间秩序感，特别是模型的收口处理更是干净利落。规整的结构渐变，韵律感会比较强。

图3-36为模型的规整表现。

图3-36　模型的规整表现

3.3.4　模型的工艺

模型的工艺从制作的角度分为计算机制作模型、手工制作模型、机械制作模型等（见图3-37与图3-38），也可以分为传统工艺与现代工艺。模型制作加工的设备和工具是建筑模型制作的重要保证，也是制作建筑模型的必备工具。先进的设备和技术大大地提高了沙盘建筑模型制作的精确度和精细度。

先进的工艺设备是提高现代环境艺术模型制作工作效率和质量的重要条件，工具的选择必须予以充分重视。在模型制作过程中，设计者和组织者合理安排制作工序，把握工艺流程，人力、物力、时间、顺序调配合理，也是提高模型制作工效和质量的因素。

图 3-37　手工制作工艺　　　　　　　　　图 3-38　雕刻机制作工艺

3.4　建筑模型的美学要素

3.4.1　形态因素

　　建筑模型要展示设计方案的形态之美。形态主要研究造型与结构、造型与人的关系问题。建筑与环境的形态是指其客观存在的整体外部形态，不仅指外貌和形状，还包括前后与空间。在进行形体处理时，要符合美学规律，各种各样的形态由于受其工艺、材料等的限制，简化、抽象成为必然。

　　建筑模型表现的形态包括建筑的外貌和形状，同时也包括室内外的空间关系。建筑模型所展示的形态美是沙盘建筑环境艺术设计的综合体现。它应透过模型反映出设计对象的整体空间关系，以及建筑的造型特点及建筑与周围环境之间的关系。通过模型的制作反映出建筑的构造和整体形态，对于利用模型进行结构分析起到了极大的帮助作用，同时也是设计造型美的一种展示。

　　弧形的建筑结构，有着独特的造型变化，是模型的特点所在，再加上层层渐变的弧形线体现出建筑的轻盈结构。模型的造型结构之美多依赖于富有创意的设计方案，巧妙而合理的制作工艺会使其造型锦上添花。

　　图 3-39 为圆形建筑模型，图 3-40 为方形建筑模型。

图 3-39　圆形建筑模型　　　　　　　　　图 3-40　方形建筑模型

3.4.2　空间艺术

建筑模型是通过三维立体空间对设计方案进行展示，这也是它与建筑和效果图之间的最大区别，建筑模型呈现的是三维立体空间，而效果图则属于二维平面效果，建筑模型比效果图更具有深入的表现力。实体模型超越了平、立、剖、透等二维图纸所能达到的效果。实体模型表达出了建筑的流动轮廓、空间层次，引导、暗示了建筑空间美，进行了二维与三维的空间转换，做到了空间与建筑的平衡感。

在模型表现中，空间与建筑形体之间的关系非常密切，空间的形态往往决定了建筑的气质。例如，一个城市规划的模型，规划区域的高低起伏变化，建筑群体积的大小变化，建筑群与道路之间的比例关系，这些势必对空间产生直接的影响。怎样使建筑物与空间环境构成良好的平衡效果，使整体规划模型显得和谐，很重要的办法就是做好空间的调整。

建筑的结构层次变化丰富，实体墙与线状框架相结合，显得错落有致。光影作为虚空间的媒介大大丰富了建筑的空间结构，使其在统一中又有变化。

图 3-41 为建筑模型的空间结构层次变化，图 3-42 为建筑群体模型的体积大小变化。

图 3-41　建筑模型的空间结构层次变化　　　　图 3-42　建筑群体模型的体积大小变化

3.4.3　色彩因素

建筑模型材料的色彩计划与模型设计制作的成功与否有着密切的关系，它也决定着模型整体的风格。在客观世界中，人对色彩美的视觉反应要强于形体美，有"色彩之于形象"的说法。在模型材料的制作中，通过对现代涂饰工艺的了解与应用，模型可以准确表现设计物的表面色彩及变化，还可以根据设计的要求对两种颜色为同一色相色彩进行抽象化、具体化的表现，使其达到某种特定的效果。建筑模型色彩是根据不同材质和技法来表现的，表现形式有两种：一种是自身色彩，体现一种淳朴而自然的美感；另一种是通过面层喷涂，产生色彩效果，体现一种外在的形式美感。

1. 模型主体色彩

建筑模型主体的色彩与建筑的性质有关。模型的功能性决定其色彩，像楼盘出售、招商，开发商（业主）需要模型有丰富的色彩，细致的结构。常规设计的住宅为暖色调，公共建筑为冷色调。活泼，性质偏暖色调；庄重，性质为中性或偏冷色调；南方区域偏浅色，北方区域偏深色（光暖问题）。大部分情况下由设计者决定，但并不给模型制作者色样，仅仅给出色相范围，如暖色的毛面花岗岩、冷色铝板、白色构架等较大的选择余地。在这些范围内可调出很多色彩，如暖色的花岗岩偏黄、偏白色，深色的近赭石、熟褐色。白色构架也要根据整体色相来决定为冷色白或暖色白，具体选用哪一种才能将模型的特点、性格真实地再现出来，则取决于模型制作者的色彩感觉。建筑本身的色彩应尽量纳入到一个色相之中，色彩的抽象，加大对比（后现代作品）或缩小对比，同一色或近似同一色，都给人以纯静、典雅之感。图 3-43 为不同材质、不同色彩的建筑模型。

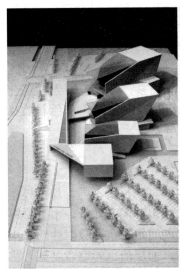

图 3-43　不同材质、不同色彩的建筑模型

2. 色彩在建筑模型中的运用

1）材料自身色彩的利用

利用材料自身的色彩进行色彩表现，一般是指用木质材料制作的建筑模型，它是利用材料自有的色彩构成建筑模型的色彩，而不作面层色彩的后期处理。这种形式的色彩表现难度很大，由于使用的木质及截取面不同，特别是在使用肌理明显的木质时，它的每一个断面及立面都具有一定的色彩差异，同时，这些材料又应用于不同尺度的个体制作，所以，模型制作者一定要注意色彩的整体性。在进行制作设计时，一定要根据造型及各构件、各单体间的关系，合理地进行选配，从而最大限度地达到色彩的统

一性。在利用各种涂料对建筑模型材料进行建筑模型色彩处理时，模型设计师一定要根据表现对象及所要采用的色彩种类、色相、明度等进行制作设计，如图 3-44 与图 3-45 所示。

图 3-44　利用材料自身本色制作的建筑模型

图 3-45　利用涂料喷色制作的建筑模型

2）二次成色的利用

在利用各种涂料进行建筑模型色彩表现时，模型制作者一定要根据表现对象、材料的种类及所要表现的色彩效果，对色相、明度等进行制作设计。在制作设计时，应特别注意色彩的整体效果。因为建筑模型是反映单体或群体的全貌，每一种色彩都同时映射入观者眼中，产生综合的视觉感受，哪怕是再小的一块色彩，若处理不当，都会影响整体的色彩效果。所以，在建筑模型的色彩设计与使用时，应特别注意色彩的整体效果。

3. 建筑模型色彩配置因素

1）色彩的多变性因素

建筑模型的色彩具有多变性。这种多变性是指由于建筑模型的材质不同、加工技法不同、色彩的种类与物理特性不同，同样的色彩所呈现的效果也不同。如纸、木类材料质地疏松，具有较强的吸附性，而塑料类材料和金属类材料的质地密实而吸附性弱，用同样的方法来进行面层的色彩处理，纸、木类材料在着色后，面层的色彩饱合度低，色彩无光，明度降低；塑料类材料与金属类材料在着色后，面层的色彩饱和度高，色彩感觉明快。这种现象的产生，就是由于材质密度不同而造成的。

2）色彩的装饰性因素

建筑模型的色彩具有较强的装饰性。建筑模型就其本质而言，它是缩微后的建筑景观。它的色彩是利用各种仿真工艺进行面层加工来表现的。由于体量的变化，色彩表现的方式不同，建筑模型的色彩与实体建筑的色彩也不同。建筑模型的色彩表现所表达的是实体建筑的色彩感觉，而绝不是简单的色彩平移的关系（见图 3-46 与图 3-47）。因而建筑模型色彩也应随着建筑模型的缩微比例、材料的特点作相应的调整，这种调整只是在色彩明度上作一些调整。若建筑模型的色彩一味地追求实体建筑与材料的色彩，那么呈现在观者眼中的建筑模型的色彩感觉就会显得很"脏"。

图 3-46　建筑模型

图 3-47　建筑实景照片

3）色彩的整体性因素

在模型制作时要注意色彩的整体性，一定要根据造型及各构件、各单体之间的关系，合理地进行选配，从而最大限度达到色彩统一。模型的体块、造型如同人的身材，而色彩与质感是人的脸面与服饰，和谐的色彩能给人留下完美的第一印象。这些因素无论在投标、购买楼盘和学术讨论时都是十分重要的。建筑模型色彩的多重性，既给建筑模型色彩的表现与运用提供了很大的空间，同时，它又受建筑模型制作比例、尺度、材质等因素的制约和影响。所以，模型制作人员在设计制作建筑模型色彩时，一定要综合考虑上述诸要素，从而最佳地表现建筑模型的色彩，如图 3-48 所示。

图 3-48　建筑模型的色彩

4）制作工艺因素

在进行建筑模型喷色时，模型制作人员为了使建筑模型的色彩效果更贴近建筑耗材的质感，常采用各种方法和工艺来进行喷色。工艺不同会使得色彩产生明显的变化。在设计使用色彩时，通过不同色彩的组合和喷色技法的处理，色彩还可以体现不同的材料质感。通常见到的石材效果，就是利用色彩的物理特性，通过色彩的组合及喷色技法处理而产生的一种仿真程度很高的视觉效果。

5）色彩因素

在众多的色彩中，蓝、绿色等明度较低属冷色调的色彩，红、黄色等明度较高属暖色调的色彩，在做建筑模型面层色彩处理时，同样的体量，冷色调的色彩会给人的视觉造成体量收缩的感觉，暖色调会给人的视觉造成体量膨胀的感觉。但当这两类色彩加入不同量的白色后，膨胀和收缩的感觉也随之发生变化，这种色彩的视觉效果是由色彩的物理特性而形成的，如图3-49所示。

图3-49 同一场景下不同的色彩配置

3.4.4 材质因素

在制作模型选择材料的过程中，除了要注意价格的高低，加工制作的难易、快慢程度外，还必须注意材料的质感、色彩的搭配。材料是建筑模型构成的一个重要要素，它决定了建筑模型的表面形态和立体形态。材料是建筑模型制作的载体。建筑模型制作是以纸、塑料、木材三大类为主体制作材料，利用不同的加工工艺完成由平面转换为具有三维空间的造型。

在现代建筑模型制作中，材料概念的内涵与外延随着科学技术的进步与发展在不断地改变，而且，建筑模型制作的专业性材料与非专业性材料界限的区分也越加模糊。特别是用于建筑模型制作的基本材料呈现出多品种、多样化的趋势。由过去单一的板材，发展到点、线、面、块等多种形态的基本材料。另外，随着表现手段的日臻完善和对建筑模型制作的认识与理解，很多非专业性的材料和生活中的废弃物也被作为建筑模型制作的辅助材料。这一现象的出现无疑给建筑模型的制作带来了更多的选择余地，但同时，也产生了一些负面效应。有些模型制作者认为，材料选用的档次越高，其最终效果越好。其实不然，任何事物都是相对而言的，高档次材料固然很好，但是建筑模型制作所追求的是整体的最终效果。如果违背了这一原则去选用材料，那么再好、再高档的材料也会黯然失色，失去它自身的价值。图3-50为建筑模型的材质美。

图 3-50　建筑模型的材质美

1. 模型材料的分类

材料有很多种分类方法，有按照材料产生的年代进行划分的，也有按照材料的物理特性和化学特性进行划分的。前文已详细介绍了材料的分类。总的分类为主体材料和辅助材料，由各种材料在建筑模型制作过程中所充任的角色不同来划分。

2. 模型材料的选择

在制订建筑模型制作方案时，合理地选择建筑模型制作材料尤为重要。在选择制作建筑模型材料时，一般是根据建筑主体的风格、造型进行选择。通常制作的建筑模型有古建类、仿古建类、现代建筑类等不同风格。由于制作的主体对象不同及各种材料的表现力也不尽相同，所以要根据具体的制作内容进行材料的选择。

在制作古建筑模型时，一般较多地采用木质（轻木、航模板）为主体材料（见图 3-51）。用这种材料来制作古建筑模型，具有同质、同构的效果。同时，从加工制作角度上来看，也有利于古建筑的表现。但这种建筑模型是利用材料自身的本色，不作后期的面层色彩处理。如果要表现色彩效果，还是选用塑料材料。

在制作现代、仿古建筑模型时，一般较多采用塑料材料，如亚克力板、ABS 板、PVC 板及 KT 板等（见图 3-52）。因为这些材料质地硬而挺括，可塑性和着色性强，经过加工制作及面层处理，可以达到极高的仿真程度与效果，特别适合现代建筑、仿古建筑模型的表现。

另外，在选择建筑模型制作材料时，还要参考建筑模型制作比例、建筑尺度和建筑模型细部表现深度等诸要素进行选择。一般来说，材质密度越大，材料越坚硬，越有利于建筑模型的表现和细部的刻画。

总之，制作建筑模型的材料选择应根据制作对象而进行，切不可程式化和模式化。

图 3-51 古建筑模型的材质美

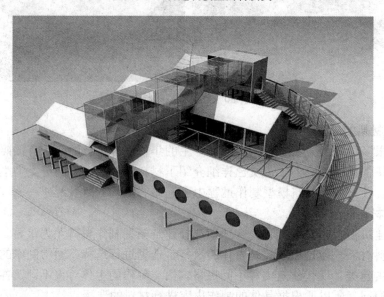

图 3-52 现代建筑模型的材质美

拓展训练

课题主题：建筑与场地关系概念模型制作训练。

制作要求：重点研究建筑在场地中的植入方式及建筑与场地的关系。要求学生准确制作出建筑物的体量、比例关系及表皮；完整制作出建筑物所在场地的地形、道路及周边环境。

材料要求：学生根据建筑与场地特点，以及自身对工具和材料的掌握进行选择。对使用的材料，课程中不做特殊限制。

制作案例一：

● 制作材料：1.5 mm 厚灰色纸板、1 mm 厚白色纸板、1 mm 厚白色瓦楞纸板、1 mm 厚黑色纸板。

- 加工方式：手工制作。
- 连接方式：万能胶。
- 制作比例：1:100。
- 制作说明：该模型表现山地的建筑及等高线建立的山地地形。在模型中，充分运用黑、白、灰单色对比关系。用白色纸板表现建筑体，用灰色纸板表现等高线地形，用黑色纸板表现场地及底盘。

制作者特别挑选了单面带有纹理的厚瓦楞纸板，带有纹理的一面是钛白色，背面无纹理的一面是乳白色，细微的色差和肌理效果使该模型在表现建筑体量、比例、形态、动势的同时更加多变和丰富。

模型中的等高线地形使用灰色厚纸板制作，由于厚纸板本身具有较好的自身支撑能力，而模型的主体建筑质量较轻，因此在制作该模型等高线时，等高线被遮挡的内部都采用了中空的方式，既节省纸板材料又减轻了模型整体的自重，效果如图 3-53 所示。

图 3-53　建筑与场地关系概念模型制作案例（一）

制作案例二：

● 制作材料：2 mm 厚灰色纸板、1 mm 厚白色纸板、1 mm 厚白色瓦楞纸板、1 mm 厚透明亚克力板、灯泡、电池、电线。

● 加工方式：手工制作。

● 连接方式：万能胶。

● 制作比例：1:100。

制作说明：该模型表现的是单体建筑及其所在的场地及地形。该模型只运用了白色厚纸板和瓦楞纸板两种主材料，分别表现出主体建筑和地形。模型主体用统一的白色厚纸板、白色厚瓦楞纸板和透明亚克力板，地形统一使用灰色厚纸板制作等高线地形。模型主要研究建筑体的形态及与环境地形的关系，效果如图 3-54 所示。

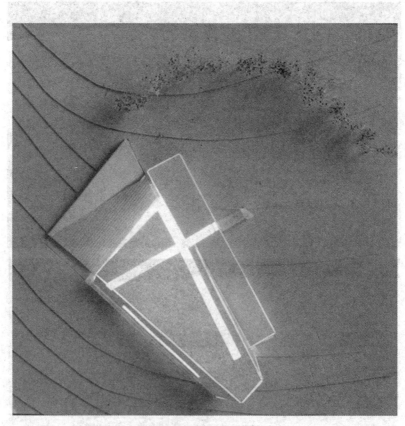

图 3-54　建筑与场地关系概念模型制作案例（二）

图 3-54　建筑与场地关系概念模型制作案例（二）（续）

制作案例三：

- 制作材料：1.5 mm 厚轻木板、5 mm 厚软木、2 mm 厚黑色纸板、干枝、木屑。
- 加工方式：手工制作。
- 连接方式：万能胶、大头针、乳白胶。
- 制作比例：1:100。

制作说明：该模型表现了与坡地景观"亲密"结合的建筑组合体。模型主体建筑使用原木色轻木板为主材。局部建筑外立面的表皮制作与地面制作使用木屑附着在木板表面，表现出立面的肌理效果。山地环境的制作利用较厚的软木粘接，待干燥后，表面再依次附着木屑和干枝来陪衬建筑与山坡，效果如图 3–55 所示。

图 3–55　建筑与场地关系概念模型制作案例（三）

第 4 章

建筑模型主体制作

本章教学导读

　　建筑模型制作是借助工具改变材料的形态，通过粘接创造材料新形态的过程。这个过程包含许多技术。模型制作者只要掌握了最简单、最基本的要素和方法，即使是复杂的建筑模型，也可以轻松应对。

　　本章的教学主要是培养学生的实际动手操作能力、对建筑空间感的认知能力及对建筑模型效果的整体把握能力，使学生掌握不同材质建筑模型的制作流程与制作工艺方法。

4.1　纸板模型制作

　　利用纸板材料制作建筑模型是最简单且较为理想的方法之一。纸板模型分为薄纸板模型和厚纸板模型两大类。下面分别阐述这两种纸板模型制作的基本技法。

4.1.1　薄纸板模型制作基本技法

　　用薄纸板制作建筑模型是一种较为简便快捷的制作方法，主要用于工作模型和方案模型的制作。其基本技法可分为选材、画线、裁剪、折叠和粘接等步骤。

　　（1）选材。在制作薄纸板建筑模型时，制作人员首先要根据类别和建筑主体的体量进行合理选材，一般此类模型所用的纸板厚度在 0.5 mm 以下。

　　（2）画线。在制作材料选定以后，便可以进行画线。薄纸板模型画线很复杂。在画线时，一方面要对建筑物的平立面进行剖析，合理地按建筑物的构成原理分解成若干面；另一方面，为了简化粘接过程，还要将分解后的若干个面按折叠关系进行作图，并描绘在板材上。在制作薄纸板单体工作模型时，可以将建筑设计的平立面直接裱于制作板材上。具体做法是先将薄纸板空裱于图板上，然后将绘制了建筑物的平立面图喷湿，数秒后，在薄纸板上均匀地刷上浆糊，将平立面图与薄纸板粘在一起，待充分干燥之后便可进行裁剪。

（3）裁剪。可以按事先画好的切割线进行裁剪，在裁剪接口处时，要留有一定的粘接量，在裁剪裱有设计图纸的工作模型墙面时，建筑物立面一般不做开窗处理。

（4）折叠。裁剪后，便可以按照建筑的构成关系，通过折叠进行粘接组合。在折叠时，面对面的折叠处要用刀将折线划裂，以便在折叠时保持折线的挺直。

（5）粘接。在粘接时模型制作人员要根据具体情况选择和使用黏合剂。在做接缝接口粘接时，应选用乳胶或胶水作黏合剂，在使用时要注意黏合剂的用量，若胶液使用过多，将会影响模型的整洁。在大面积平面粘接时，应选用喷胶作黏合剂。

当用薄纸板制作模型时，还可以根据纸的特性，利用不同的手段来丰富纸模型的表现效果。例如，利用折皱便可以使载体形成许多不规则的凹凸面，从而形成各种肌理，通过喷绘也可以形成表层不同的质感。

总之，通过对纸板特性的合理运用和对制作基本技法的掌握，可以使薄纸板建筑模型的制作更加简化，效果更加多样化，图4-1～图4-5为薄纸板模型部分制作过程。

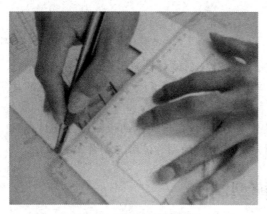

图4-1　薄纸板模型切割

图4-2　薄纸板模型折叠

图4-3　薄纸板模型墙体粘接

图4-4　薄纸板模型粘接与搭接

图 4-5　薄纸板建筑模型成品

4.1.2　厚纸板模型制作基本技法

用厚纸板制作建筑模型是现在比较流行的一种制作方法，主要用于展示模型的制作。其基本技法可以分为选材、图纸分解、画线、切割、粘接等步骤。

（1）选材。选材是制作此类模型不可缺少的一项工作。一般现在市场上出售的厚纸板是单面带色板，色彩种类较多，这种纸板给模型制作带来了极大的方便，可以根据模型制作要求选择不同色彩及肌理的材料。

（2）图纸分解。在材料选定之后，可以根据图纸进行分解，即把建筑物的平、立面根据色彩的不同和制作形体的不同分解成若干的面，并把这些面分别画于不同的纸板上。

（3）画线。在画线时，模型制作人员一定要注意尺寸的准确性，尽量减少累积误差；同时，在画线时要注意工具的选择和使用方法，一般画线时使用的是铁笔或铅笔。在具体绘制图形时，首先要在板材上找到一个直角边，然后利用这个直角边，通过位置来绘制需要制作的各个面，这样绘制图形既准确快捷，又能保证组合时面与面、边与边的水平与垂直。

（4）切割。画线完成后，便可以进行切割。在切割时，一般在被切割的材料下面垫上切割垫，同时切割台面要平整，防止跑刀。切割顺序一般是自上而下、由左到右。厚纸板切割是一项难度比较大的工序，由于被切割纸板厚度在 1 mm 以上，切割时很难一刀将纸板切透，所以一般要进行重复切割。在切割时要注意入刀角度要一致，防止切口出现体面或斜面。另外，要注意切割力度，要由轻到重，逐步加力。在切割立面开窗时，不要一个窗口一个窗口地切割，要按窗口的横纵向顺序依次完成切割，这样才能使立面的开窗效果整齐划一。

（5）粘接。待整体切割完成后，即可进行粘接处理。粘接一般有 3 种方式：面对面、边对边、边对面。面对面粘接主要是各体块之间采用的一种粘接方式。在进行这种形式的粘接时，要注意粘接面的平整度。边对面粘接主要是立面间、平立面间组合时采用的一种粘接形式。在进行这种形式的粘接时，由于接口接触面较小，所以一定要确保接口的严密性，同时要根据粘接面的具体情况进行内加固。边与边粘接主要是面间组合时采取的一种粘接形式，必须将粘接面的接口按粘接角度切割成斜面，然后再进行粘接。在切割对接口时，一定要注意斜面要平直，角度要合适，这样才能保证接口的强度和美观。在粘接过程中一定要考虑这样几个问题：一是面对面之间的关系，也就是先粘哪面后粘哪面；二是如果要增强接缝强度，哪些节点需要增加强度；三是如何保持模型表层在制作完成后的整洁。

　　厚纸板模型制作部分过程如图4-6～图4-15所示。

图4-6　图纸放样

图4-7　切割

图4-8　墙切割成45°有利于拼接

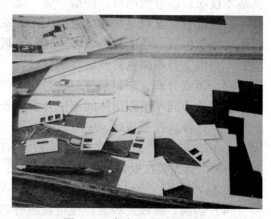

图4-9　备齐所有的模型件

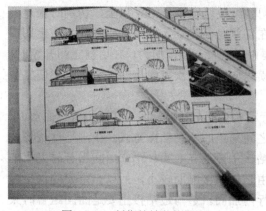

图4-10　制作外墙装饰图案

图4-11　粘接墙面

图 4-12 组装与粘接墙面

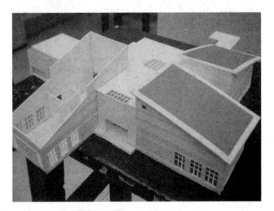

图 4-13 粘接屋顶

图 4-14 建筑模型制作完成（正面）

图 4-15 建筑模型制作完成（背面）

4.1.3 纸板模型制作注意事项

在粘接纸板时，一般采用白乳胶作为黏合剂（见图 4-16）。在具体粘接过程中，一般在接缝内进行点粘。由于白乳胶自然干燥速度慢，可以用吹风机烘烤，提高干燥速度。待胶液干燥后，检查接缝是否合乎要求，如达到制作要求即可在接缝处进行灌胶；如感觉接缝强度不够时，要在不影响视觉效果的情况下进行加固。

在粘接组合过程中，由于建筑物是由若干个面组成的，在切割过程中存在累积误差，所以在操作中要随时调整建筑体量的制作尺寸，随时观察面与面、边与边、面与边的相互关系，确保模型造型与尺度（见图 4-17）。另外，在粘接程序上应注意先制作建筑物的主体部分，先不考虑其他部分，如踏步、阳台、围栏、雨棚、廊柱等，因为这些构件极易在制作过程中损毁，所以只有在主体部分组装成形之后，再进行此类构件的组装。

在全部的制作程序完成后，还要对模型的制作做最后的修整，即清理表层污物及胶痕，对破损面进行填补色彩等；同时，还要根据图纸进行各方面的核定（见图 4-18）。

总之，用纸板制作建筑模型，无论是制作工艺，还是制作方法，都较为复杂。但是，只要掌握了基本制作技法，就能解决今后实际制作中出现的各种问题，从而使模型制作向着理性化、专业化的方向发展。

图4-16　在每一块纸板板材背面涂上白乳胶

图4-17　操作中要随时调整建筑体量的制作尺寸

图4-18　修整建筑模型

4.1.4　纸板模型制作案例

纸板模型制作案例如图4-19～图4-21所示。

图4-19　纸板模型制作案例（一）

图 4-20　纸板模型制作案例（二）

图 4-21　纸板模型制作案例（三）

4.2 亚克力板、ABS 板、PVC 板模型制作

在制作建筑模型时，亚克力板、ABS 板、PVC 板这 3 种材料均属于高档材料。亚克力板、ABS 板一般称为硬质材料，PVC 板称为软性材料。这些材料主要用于展示建筑模型的制作。

4.2.1 亚克力板、ABS 板、PVC 板模型制作基本技法

亚克力板、ABS 板、PVC 板模型制作基本技法可分为选材、画线、切割、打磨、粘接、上色等步骤。

1. 选材

用来制作建筑模型的亚克力板的厚度一般为 1～5 mm，ABS 板的厚度一般为 0.5～5 mm。在挑选板材时，一定要查看规格和质量标准，然后进行合理的搭配。另外，在选材时还应注意板材的表面情况，看是否有损伤。此外，还要考虑后期制作工序。若无特殊技法表现，一般选用白色板材进行制作。

2. 画线

材料选定后，便可进行画线放样。在亚克力板及 ABS 板上画线放样有两种方法：一是利用图纸粘贴替代手工绘制图形的方法；二是测量画线放样法。

在亚克力板及 ABS 板上绘制图形时，画线工具一般选用圆珠笔和游标卡尺。

3. 切割、打磨

放样完毕后，便可以分别对各个建筑立面进行加工制作。一般是先进行墙线部分的制作，其次进行开窗部分的制作，最后进行平、立面的切割。

在制作墙线部分时，一般是用勾刀做划痕来进行表现的。在墙线部分制作完成后，便可以进行开窗部分的加工制作。这部分的制作方法应视其材料而定，若是 ABS 板，且厚度在 0.5～1 mm 时，一般用推拉刀或手术刀直接切割即可成型；若是亚克力板或板材厚度在 1 mm 以上的 ABS 板时，一般是用曲线锯进行加工制作。

待所有开窗等部位切割完毕后还要用锉刀进行统一修整。修整后，便可以进行各面的最后切割，使之成为图纸所表现的墙面形状。

待切割程序全部完成后，要用酒精将各部件上的残留线痕迹清洗干净。若表面清洗后还有痕迹，可用砂纸打磨掉。

4. 粘接

打磨后，便可以进行粘接、组合了。亚克力板和 ABS 板的粘接、组合是一道较复杂的工序，一般是按由下至上、由内向外的顺序进行的。

在具体操作时，首先选择一块比建筑物基底大、表面平整而光滑的材料作为粘接的工作台面，一般以选用 5 mm 厚的玻璃板为宜；其次在被粘接物背后用深色纸或布进行遮挡，以增强与被粘接物的色彩对比，有利于观察。

粘接亚克力板和 ABS 板，一般选用 502 胶和三氯甲烷作黏合剂。在粘接、组合的过程中，应该本着"少量多次"的原则进行。

当模型粘接成型后，还要对整体进行一次打磨。打磨的重点是接缝处及建筑物屋檐等

部位。打磨一般分两遍进行。第一遍采用锉刀打磨。在打磨缝口时，最常用的是 20.32～25.4 cm（8～10 in）中细度板锉。第二遍打磨可用细砂纸进行，主要是将第一遍打磨后的锉痕打磨平整。

5. 上色

上色是亚克力板、ABS 板制作建筑模型主体的最后一道工序。一般此类材料的上色都是用涂料来完成的。目前，市场上出售的涂料品种有很多，如调合漆、磁漆、喷漆和自喷漆类涂料等。在上色时，首选的是自喷漆类涂料。

在上色时，先将被喷物体用酒精擦拭干净，并选择好颜色合适的自喷漆。然后将自喷漆罐上下摇动约 20 s，待罐内漆混合均匀后即可使用。在喷漆时一定要注意被喷物与喷漆罐的角度和距离。一般被喷物与喷漆罐的夹角为 30°～50°、距离为 300 mm 左右为宜。具体操作时应采取少量多次喷漆的原则，每次喷漆的间隔时间一般为 2～4 min。在雨季或气温较低时，应适当延长间隔时间。在进行大面积喷漆时，每次喷漆的顺序应交叉进行。

4.2.2　亚克力板模型制作过程

（1）绘制图纸。将平面图按照比例画在底板上。

（2）绘制立面图。按照各个立面图的样式及尺寸，绘制在亚克力板上。

（3）按照图纸裁切墙体。使用勾刀的刀锋将亚克力板表面的保护纸裁开，用勾刀的刀钩部位来回研磨亚克力板，当研磨的深度达到亚克力板厚度的一半时，就可将亚克力板放置在桌边将其用力掰断，然后使用砂纸将切割好的亚克力板截面打磨平整，以利于黏合剂的粘接。较厚的亚克力板还需先用裁纸刀将截面刮平，再用砂纸进行打磨。

（4）粘接。在粘接时，将需要粘接在一起的亚克力板对齐，用小号描笔蘸上黏合剂，在连接处涂上一笔，使黏合剂均匀涂抹在亚克力板连接处，再将两构件固定在一起，几秒后即可完成粘接。然后将墙体上应配置的辅助配件粘接固定。由于亚克力板的质地较脆，不能制作曲面弧度过大的形态，因此在制作此类形态时不宜勉强使用亚克力板。

（5）拼装。将墙体用模型胶固定在底盘上，要注意与底盘保持垂直、平整。胶口要干净，否则容易沾染灰尘，影响整体效果。

（6）制作建筑模型的环境配景。

亚克力板模型部分制作流程如图 4-22～图 4-29 所示。

图 4-22　使用勾刀的刀锋将亚克力板
　　　　　表面的保护纸裁开

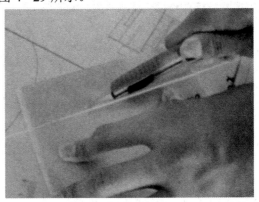

图 4-23　用勾刀的刀钩部位来回研磨亚克力板

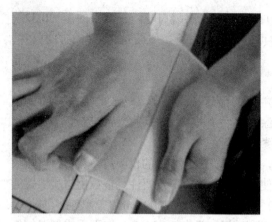

图4-24 将亚克力板放置在桌边用力掰断

图4-25 使用砂纸将切割好的
亚克力板截面打磨平整

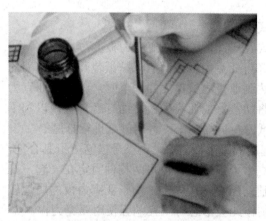

图4-26 在粘接时，用小号描笔蘸上黏合剂
均匀涂抹在亚克力板连接处

图4-27 完成粘接

图4-28 用双面胶将模型进行简易的拼装和固定

图4-29 将墙体上应配置的辅助配件粘接固定

4.2.3　ABS 板模型制作过程

（1）绘制图纸。将底层平面图按比例绘制在底板上。底板的边缘离模型的墙体边缘留一段距离，即预先留出裙楼的位置。不要将主体建筑的模型放在底板的正中间，同时要注意整体布局的均衡。

（2）绘制建筑的各个立面图。按照相应的比例尺绘制，在绘制时要注意计算尺寸，以及门窗的大小和位置。

（3）裁切绘制好的墙体。用勾刀裁切绘制好的 ABS 板，将裁切好的主楼立面用锉刀进行适当的打磨，使边缘更加整洁，以方便粘接；然后用灰色自喷漆喷饰立面，使其与图纸要求的色调吻合；再选用蓝色太阳膜贴饰在背面板上，完成窗户的制作。

（4）将做好的立面用黏合剂粘接起来，然后封顶，完成主体模型的制作。

（5）制作裙楼。绘制图纸，切割裙楼立面构件，再用锉刀打磨平整，最后进行粘接。

（6）制作建筑模型的环境配景。

ABS 板模型大致制作流程如图 4-30～图 4-38 所示。

图 4-30　绘制平面图

图 4-31　用灰色自喷漆喷饰立面

图 4-32　用蓝色太阳膜贴饰立面，制作窗户

图 4-33　用三氯甲烷粘接立面

图4-34　用锉刀打磨裙楼立面构件

图4-35　粘接裙楼

图4-36　制作裙楼的外观效果和立柱

图4-37　制作建筑模型环境配景

图4-38　完成建筑模型的制作

4.2.4　PVC 板模型制作过程

（1）严格按照图纸制作，将平面图按照比例画在底板上。

（2）绘制立面图。按照各个立面图的样式及尺寸，绘制在 PVC 板上，在绘制时要考虑到各个立面转角，注意计算尺寸，以避免在围合立面时出现空隙。特别值得注意的是，要时时刻刻考虑到板材的厚度并计算在各个立面尺寸之内，否则会造成较大的误差。

（3）按照图纸裁切墙体，在裁切时一定注意尺寸的准确性。制作窗户要提前在墙上画好，然后用小刀刻出来。另外，所有的门窗裁制好以后都要用锉刀进行打磨，使边缘更加整洁。

（4）粘接。墙与墙的接口不能直接粘接，要将墙角处按照 45°来切割，这样两堵墙相接就看不到缝隙了。将墙体用模型胶固定在底盘上，要注意与底盘保持垂直、平整。胶口要干净，否则容易沾染灰尘，影响整体效果。

注意：当选用 PVC 板来制作底盘时，底盘要有一定的厚度，以使整体模型更加结实、稳固，也有利于安装电路，为制作模型的室内灯光照明留有余地。

（5）制作建筑模型的环境配景。

PVC 板制作流程如图 4-39～图 4-45 所示。

图 4-39　绘制图纸

图 4-40　切割立面与窗口

图 4-41　粘接立面

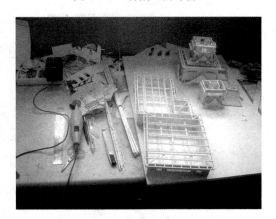

图 4-42　粘接建筑装饰构件

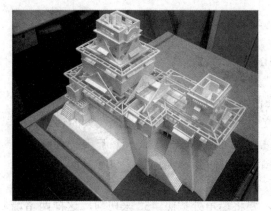

图4-43　封装屋顶

图4-44　完成全部立面的粘接

图4-45　用自喷漆喷成所需的颜色

4.2.5　亚克力板、ABS板、PVC板模型制作案例

亚克力板、ABS板、PVC板模型制作案例如图4-46～图4-49所示。

图4-46　亚克力板模型制作案例

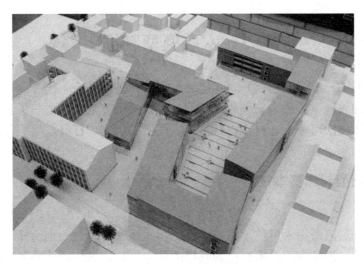

图 4-47　ABS 板模型制作案例

图 4-48　PVC 板模型制作案例

图 4-49　ABS 板模型制作案例

4.3　木质模型制作

用木质材料（一般指航模板）制作建筑模型是一种独特的制作方法。它一般是用材料自身所具有的纹理、质感来表现建筑模型，主要用于古建筑模型和仿古建筑模型的制作。其基本制作技法可分为选材、材料拼接、画线、切割、打磨、组装等步骤，其中最重要的是选材问题。

4.3.1　木质模型制作基本技法

1. 选材

在选材时一般应考虑木材纹理的规整性。在选择木材时，一定选择纹理清晰、疏密一致、色彩相同、厚度规范的木材作为制作的基本材料。另外，还要考虑木材的强度，一般采用航模板。在选材时，特别是选择薄板材时，要选择密度大、强度高的板材作为制作的基本材料。

2. 材料拼接

在选材时，如果遇到板材宽度不能满足制作尺寸的情况，就要通过材料拼接来满足制作需要。

3. 画线

在材料准备完成后，便可进行画线。在画线时，可以在选定的板材上直接画线。画线采用的工具和方法可参考厚纸板建筑模型的制作。同时，还可以利用设计图纸装裱来替代手工绘制图形，但要注意考虑木板材纹理的搭配，确保模型制作的整体效果。

4. 切割

画线完成后，便可进行板材的切割。较厚的板材一般选用钢锯进行切割；薄板材一般选用刀刃较薄且锋利的刀具进行切割。此外，在用刀具切割时，第一刀用力要适当，先把表层组织破坏，然后逐渐加力，分多刀切断。

5. 打磨

在部件切割完成后，按制作木质模型的程序，应对所有部件进行打磨。

在打磨时，一般选用细砂纸来进行。注意：一要顺其纹理进行打磨；二要依次打磨，不要反复推拉；三要打磨平整，使板材表层有细微的毛绒感。

在打磨大面时，应将砂纸裹在一个方木块上进行打磨。在打磨小面时，可将若干个小面背后贴上定位胶带，再将这些小面分别贴于工作台面上，组成一个大面，再进行打磨。

6. 组装

打磨完毕后，即可进行组装。在组装时，一般选用白乳胶和德国生产的模型胶作黏合剂进行粘接。切忌使用 502 胶进行粘接，以免 502 胶液渗入木材后留下明显的胶痕。

在具体粘接组装时，还可以根据制作需要，在不影响其外观的情况下，使用木钉、螺钉共同进行组装。

在组装完毕后，还要对成型的整体外观进行修整。

4.3.2 竹木模型制作基本技法

竹木模型的表现效果与真实场景中的竹木建筑效果十分接近，所选材质的天然肌理使此类模型在表现力上具有既丰富又统一的特性。使用这类材质制作建筑模型，可使模型具有很强的结构感和生动、自然的表现力。

1. 使用卡纸作为内撑结构制作竹木模型的流程

（1）按照图纸尺寸，将卡纸切割出墙体及相应构件。

（2）将竹木材料粘贴于所切割墙体及构件的表面。

使用卡纸作为内撑结构制作竹木模型的部分流程如图 4-50～图 4-52 所示。

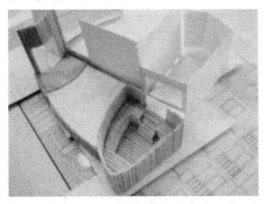

图 4-50　设计有折缝的卡纸更利于竹木材料的贴附

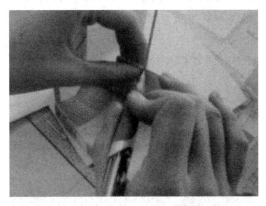

图 4-51　将竹木材料排列粘贴在卡纸表面

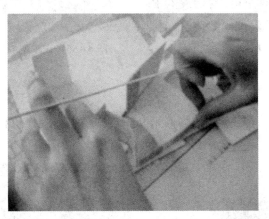

图 4-52　通过卡纸折合出的三维形态分析粘贴面

2. 使用亚克力板作为内撑结构制作竹木模型的流程

（1）直接按照图纸尺寸，将亚克力板切割出墙体及相应构件。

（2）将竹木面材粘贴在亚克力板上。

（3）在模型墙体上粘接门窗等建筑构件。

（4）将模型的墙体、屋顶等进行整体拼合。

（5）为模型添加适合的配景。

使用亚克力板作为内撑结构制作竹木模型的大致流程如图 4-53～图 4-56 所示。

图 4-53　将亚克力板切割出墙体及相应构件

图 4-54　将竹木面材粘贴在墙体上，
留出窗口及门口位置

图 4-55　将竹木面材粘贴在亚克力板上

图 4-56　在模型墙体上粘接门窗等建筑构件

4.3.3　竹木模型制作过程

下面以图 4-57 所示的古建筑为例来介绍竹木模型的制作过程。图 4-58～图 4-71 为制作过程。

图 4-57　古建筑照片

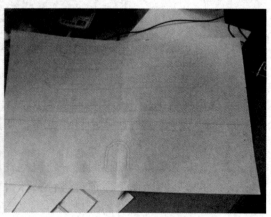

图 4-58　手绘图纸

图 4-59　制作古建筑窗口

图 4-60　制作古建筑墙体

图 4-61　制作古建筑屋檐

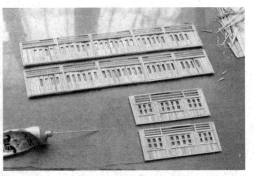

图 4-62　制作古建筑门窗

图 4-63　制作古建筑的一、二层

图 4-64　搭接古建筑的一、二层

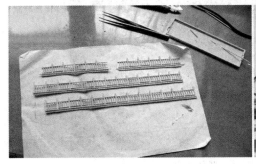

图 4-65　制作古建筑的栏杆

图 4-66　制作古建筑的一～四层

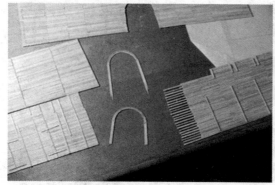

图4-67　制作古建筑的城门

图4-68　古建筑底层城门建筑完成

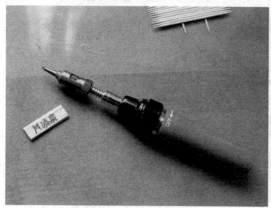

图4-69　用电烙铁刻字

图4-70　古建筑墙体制作完成

图4-71　牙签主体建筑模型制作完成

4.3.4　木质模型制作案例

木质模型制作案例如图 4-72～图 4-76 所示。

图 4-72　木质模型制作案例（一）

图 4-73　木质模型制作案例（二）

图 4-74　木质模型制作案例（三）

图 4-75　木质模型制作案例（四）

图 4-76　木质模型制作案例（五）

4.4　数控加工模型制作

随着计算机数控雕刻机的广泛应用和现代化生产的发展，模型设计与制作教学中也开始使用雕刻机。计算机数控雕刻机不仅可以提高模型的加工速度，还可以提高其美观度，并在培养和提高学生实际操作能力和综合素养方面具有优势，可使他们更好地与社会接轨，快速适应工作岗位。

目前，在建筑、工业设计、园林景观、展示等领域，以及相关院校的专业教学中，模型设计与制作日益引起人们的高度重视。模型的特点是通过学生亲自动手制作，使学生认识材料、了解材料的特性，并在实际制作中进行综合的设计应用，让学生逐步理解模型制作绝不是简单的模仿制作，而是材料、工艺、色彩、设计理念的组合。作为设计表现手段之一的模型制作行业在市场上已进入一个全新的阶段，其材料日益丰富，技术制作和表现手法上都有很大的发展。近年来随着计算机雕刻技术的高速发展，计算机数控（computer numerical control，CNC）雕刻技术的出现使刀具的走刀可以通过计算机进行控制和模拟，使模型的曲线、雕花、镂铣、刻槽等复杂工艺实现机械化和自动化。将计算机雕刻技术应用到模型的制作中，不仅可以提高其加工精度和工作效率，而且可以使一些复杂、难以加工的模型部件通过雕刻机完美地加工出来，使模型的制作更加精致。

4.4.1　计算机雕刻机基本介绍

1. 雕刻机的分类

计算机雕刻机主要分为机械雕刻机（见图 4-77）和激光雕刻机（见图 4-78）。机械雕刻机主要是利用物理力对雕刻对象进行加工，由雕刻机主轴控制刀具直接在雕刻材料上进行铣削加工，适用于木材、MDF（中纤板）、ABS 板等板材。激光雕刻机是将电能转化为光能，利用激光和材质作用产生的特殊效果（汽化和烧蚀）实现雕刻。激光雕刻机的加工过程是非接触式的，适用于亚克力板、赛钢板等材料的雕刻。

图 4-77　机械雕刻机　　　　　　　　　图 4-78　激光雕刻机

2. 机械雕刻机的特点

机械雕刻机是利用机械物理力对雕刻目标进行精加工。首先要在计算机控制平台进行图文编排版（使用 CAD/Type 3 等软件），然后将编辑的图文信息传输到雕刻机，指导雕刻机主轴控制金属刀具直接在雕刻材料上进行铣削，实现雕刻。机械雕刻机的加工过程属于高速切削，一般达到 4 000 r/min，可根据雕刻材料的性质调整主轴转速和刀具进给速度。在高速切削条件下，文字、图案雕刻精细，边缘光滑，加工精度高。同一程序的批量产品加工使得加工产品的尺寸规格、外形要求、表面光洁度达到同一标准，易于实现批量标准化。

4.4.2 计算机雕刻机在模型制作实践中的应用

1. 计算机雕刻机制作模型的流程

模型制作通常被看成是实物生产的缩小版，也由众多部件组合连接而成。计算机雕刻机制作模型的流程如下：AutoCAD 设计图形—雕刻软件（Type 3）控制系统—图形导入、排版—检查设计版面内容（连接断点等）—计算雕刻路径—雕刻机工作。由制作过程可以看出，AutoCAD 设计图形是模型部件加工和模型表面纹路铣削的基础。科学合理的 CAD 设计图形导入 Type 3 等雕刻机编辑软件中进行编辑，选择雕刻方式、计算雕刻路径及模拟雕刻过程和效果。合理编辑后即可生成机器执行程序。在雕刻机上加载执行程序、装卸刀具、装卡材料、设定切削参数后，机器即可进行工作。将雕刻机加工出的部件和其他部件再进行组合连接，然后进行后续涂饰等工艺，即完成模型的制作。在实际的制作过程中，雕刻机的运用要和其他工具相互配合，使数控设备的效率发挥到最大，避免大机小用的情况出现，即避免所有部件的加工都依靠雕刻机来完成。

2. 雕刻机软件（Type 3）的应用

数控雕刻设备必须以专业的雕刻软件为基础，以体现设备的数字化。

Type 3 软件中的 CAD 模块具有绘制几何形状图形及对所创建对象进行定位、删除、复制等编辑和文本编辑功能。但 Type 3 软件中的 CAD 功能不能对图形尺寸等进行精确编辑，且操作比较繁杂，所以实际运用中常将 AutoCAD 中的图形以 dxf 格式导入 Type 3 软件中，再对图形进行节点编辑，使所有图形都构成封闭区间，以方便后续路径的正确创建。

Type 3 软件应用的工作流程如下。

（1）CAD 图纸分解。根据提供的图纸，对照平面和立面进行块面分解（见图 4-79～图 4-81），要求准确地理解图纸的空间概念，把握好每一个空间的界线。这个步骤非常关键，要反复、仔细检查，力求准确，以免浪费材料、徒劳无功。

图 4-79 墙面图纸的分解

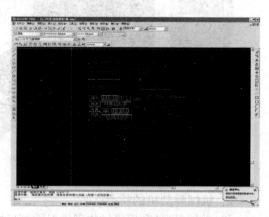

图 4-80 顶面图纸的分解

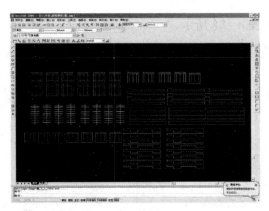

图 4-81　窗、柱图纸的分解

（2）比例放样。在 CAD 图纸上根据比例要求，运用等比例缩放命令进行放样，常见的模型与图的比例为 1:150、1:200、1:300、1:500 等。

（3）划分图层。根据具体构件在图纸上的形状进行线型图层划分。例如，直线外轮廓是一种线型，直线内轮廓是一种线型，曲线外轮廓是一种线型，曲线内轮廓是一种线型。线型图层划分是为了便于模型制作中各结构材料雕刻顺序的选择与控制。

（4）软件转换。具体操作为：文件│另存为│文件类型（CAD R12）│保存，如图 4-82 所示。

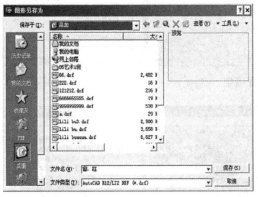

图 4-82　软件转换

（5）文件输入。具体操作为：文件│输入│二维│文件类型（DXF Files（*.dxf））│打开│居中，如图 4-83 所示。

（6）系统设置。具体操作为：文件│系统设置│工作区│（设置参数）尺寸│确定，如图 4-84 所示。

（7）选择图层。具体操作为：刀具路径│选择图层│颜色过滤│拾取│全部选择，如图 4-85 所示。

（8）刀具路径排序。具体操作为：刀具路径│路径排序，如图 4-86 所示。

（9）刀口深度设置。具体操作为：刀具路径│路径向导│单线雕刻│雕刻深度│逼进方式│下一步，直至完成，如图 4-87 所示。

（10）轮廓设置。具体操作为：刀具路径│路径向导│轮廓雕刻│半径补偿│逼进方式│

下一步，直至完成，如图4-88所示。

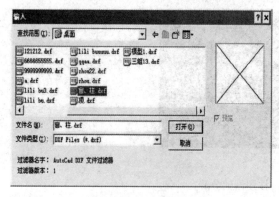

图4-83　文件输入

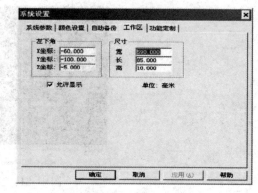

图4-84　系统设置

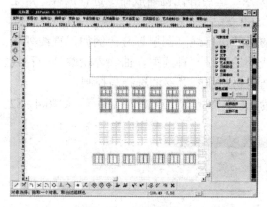

图4-85　选择图层

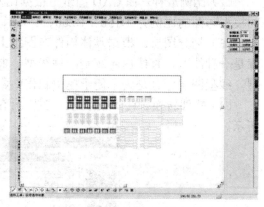

图4-86　刀具路径排序

图4-87　刀口深度设置

图4-88　轮廓设置

（11）路径输出。具体操作为：刀具路径|路径输出|En3dfiles（*.end）|文件版本|确定|确定|完成，如图4-89所示。

（12）根据雕刻机控制软件选择所需命令，完成材料切割，如图4-90所示。切割结束，关闭机器，整理好材料构件。

Type 3软件中的CAM模块包括创建刀具路径、刀具路径管理、刀具路径模拟和实体模拟等功能。在 CAM 模块中可以创建绘图、雕刻、切割、铣削、扫描、浮雕等十几种刀具路径，在模型制作中常用到切割、扫描、雕刻、绘图等功能。在 Type 3 刀具库中可以选择锥刀、柱刀、切割刀，并能精确计算二维或三维的刀具路径。通过刀具路径模拟和实体模拟功能，可以直观看到所编辑的路径是否合理及雕刻后的三维效果，省去试加工过程和减少实际加工误差，避免出错。

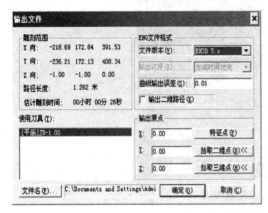 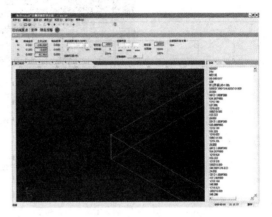

图 4-89　路径输出　　　　　　　　图 4-90　根据雕刻机控制软件选择所需命令

3. 模型制作的具体应用

模型制作在材料、工艺上都有其独特之处，因此在加工过程中必须充分考虑这些因素。根据实践的经验，雕刻机在模型制作上的应用主要有以下几个方面。

（1）利用雕刻机加工复杂模型部件。对于模型制作中一些曲线、异形等复杂部件的加工，利用普通手动工具往往存在误差较大、效率较低、材料浪费严重等问题，利用雕刻机并采用套裁划线的方法，按尺寸做好 CAD 图后编程导入，再进行加工，效率高并且加工精度高，有利于实现模型的批量化加工，如图 4-91 所示。

图 4-91　利用雕刻机按尺寸进行模型板材加工

（2）雕刻模型表面花纹图案及文字图案等。一些建筑模型表面往往有一些优美的花纹图案或文字图案等，以增加模型的美感和艺术性。这些纹饰图案往往由工匠师傅根据经验和技艺手工完成，难度较大，很难实现工业生产的批量化。利用数控雕刻设备能够使一些纹饰图案的加工更加高效与简单，如图4-92与图4-93所示。

（3）粘接组装最终模型（见图4-94）。

图4-92　雕刻机切割航模板

图4-93　打磨板材截面

图4-94　粘接组装最终模型

4. 雕刻机在模型制作中应用的注意事项

加工参数的设定要根据所加工的材料来合理设定，并且要充分考虑不同材料的差异性。机器主轴的转速和刀具的进给速度也要根据材料而有差异，主轴转速过高或刀具进给速度过快容易发生断刀和材料烧灼，速度过慢往往又造成表面质量粗糙等问题。刀具每次的下刀深度一般不要超过 3 mm，以免断刀，对于厚度较大的工件可以分多次切削，以保证质量。

工件的夹固要合理。要测量和计算夹具的安装位置是否在刀具的行进路线上，以免发生碰撞。另外，由于夹具往往难以固定板件中心，在加工即将完成时可能会因零件与板件连接减小而未被有效夹紧，或者因刀具转速过高而导致工件飞出，造成危险，因此，在厚度方向上往往预留一定的加工余量。此外，工件上加工原点的选定要合理。

在模型制作中，计算机雕刻机是一种非常有效的加工工具，尤其为模型精细部件的制作提供了便捷的手段。随着学生在计算机雕刻机使用过程中不断地积累经验，把计算机雕刻在精确、高效的工作特点应用于模型制作中，不仅缩短了学生制作模型的时间，而且极大地提高了模型的美观度。需要强调的是，学生在模型制作实践中不能完全依赖计算机雕刻机，模型制作是多种工具及合理的工序相结合的实践过程，只有这样才能取得事半功倍的效果。

拓展训练

课题主题：建筑单体概念模型制作训练。

制作要求：重点研究建筑单体的体量关系、建筑外部形态特征、各立面间的比例关系等。适度表现建筑单体所在区域的周边环境（道路、现有建筑等）。

材料要求：单一材料或综合材料。训练对所使用的材料类型和数量都不做限定，学生可以根据建筑单体的自身特点选材。可以将整个模型用单一材料表现，也可以根据需要选择多种材料搭配。

制作案例一：

- 制作材料：5 mm×5 mm 方形木条、丝瓜筋、干枝、20 mm 厚底盘木板。
- 加工方式：手工制作。
- 连接方式：万能胶。
- 制作比例：1:100。
- 制作说明：该模型制作的是一个乡村民宿概念建筑。整个模型几乎全部使用方形木条来制作建筑主体，场地同样也是以木板作为底盘。为了使模型的几个主要立面连接更稳固，制作者用榫卯结构将模型主体的底面和主立面牢固连接起来。为了表现与建筑所在环境相协调，制作者选择利用丝瓜筋来表现低矮植物群，利用干枝来表现高大植物。整体建筑与环境做到了统一与协调，如图 4-95 所示。

图 4-95　建筑单体概念模型制作案例（一）

制作案例二：

● 制作材料：1 mm 厚银色纸板、1 mm 厚白色纸板、草粉、汽车型材。

● 加工方式：手工制作。

● 连接方式：万能胶。

● 制作比例：1:200。

● 制作说明：该模型制作的是一个星级度假酒店的概念设计建筑模型。该建筑模型与周围辅助建筑都运用银灰色纸板制作，地面使用白色纸板作为主材，周围主要环境采用草粉及树木作为陪衬。模型主要研究度假酒店建筑形态的构成、各层面之间的关系，而没有致力于表现建筑的表皮肌理效果。该度假酒店建筑所在的现场周围有其他建筑，在模型制作中，制作者将周边建筑所在位置在场地上进行定位，但并不按照周边建筑原貌制作出建筑体量模型，而是仅仅勾勒出其所在位置，便于在表现周边环境的同时突出并着重制作度假酒店建筑这一模型主体，如图 4-96 所示。

图 4-96　建筑单体概念模型制作案例（二）

图4-96　建筑单体概念模型制作案例（二）（续）

制作案例三：

● 制作材料：1 mm厚亚克力板、1 mm厚白色纸板、草粉、仿真型材。

● 加工方式：手工制作。

● 连接方式：万能胶。

● 制作比例：1:200。

● 制作说明：该模型表现的是一个概念博物馆建筑。模型主体及环境地块均使用单一材料制作。整个模型主体框架和场地均使用白色纸板，建筑主体运用绿色亚克力板。这些亚克力板块全部是学生手工加工，而且每一块都是学生计算后再经过仔细切割而成的。模型研究建筑的比例关系和形态，用树木、路灯、休闲椅等一些仿真型材来表现景观小品，调解整个构图，如图4-97所示。

图 4-97 建筑单体概念模型制作案例（三）

第 5 章

建筑模型环境制作

任何建筑物都不可能是孤立存在的，它与周围的环境有不可分割的联系，并与环境形成一种特定的氛围。商业建筑追求热闹繁华的气氛，而园林建筑要有精致素雅的感觉，因此模型在表现建筑与环境协调的同时，须将这种气氛表现出来。在制作场景模型时，需具备较高的艺术情趣和美学修养，同时需要对制作模型的工具、材料、色彩等有敏锐的感受和控制力。

本章教学主要是培养学生实际动手操作能力，对环境配景的认知能力及模型效果的整体把握能力。使学生掌握不同模型环境配景的制作流程与制作工艺方法。

5.1 建筑模型环境制作的总体设计原则及要求

在建筑模型环境制作时要根据用户的要求和初步构思方案，确定模型的制作用途、规模、手法、表现形式及特点，明确整体模型的最终表现效果。精心设计、精心制作，力求给决策者提供方便实用、生动形象、精确直观的地理依据。

1. 正确使用材料和合理确定比例尺

根据沙盘模型的区域范围和地理特点，合理确定沙盘模型的水平比例尺和垂直比例尺；根据盘体的净面积和区域内容，确定裁幅分体制作方案。资料的利用原则是：使用最新测绘成果，要求内容新，现实性强，以达到沙盘模型使用的超前性、长期性。基本资料可利用等大比例尺的地形图，补充资料可以利用不同比例尺的地图资料、卫星航摄像片、规划建设图纸、总图、建筑物平面图或立面图、渲染图，以及实地景物照片等。

2. 正确、合理地处理各要素间关系

（1）地形要素中山体、水系、道路之间的关系要统一规划，表现合理、自然，色彩关系处理要协调，以便生动地反映实地的自然景观。

（2）建筑环境要素按照级别、比例关系设计处理。依据比例表示出建筑物和道路、地形、水景等因素。可根据不同的比例尺大小、设计表现形式及表现风格来选择不同的表示方法，并根据用途及要求确定表现手法。

（3）利用夸张的手法表示模型内绿化面积，增强整体表现效果。目前，城市环境建设逐渐趋于国际标准化，绿化环境已是城市建设的一项重要内容。在公园、道路两侧、城市空地、行道树等要素的处理上应夸大表示其绿化面积；在竖向地貌中应尽量减少挡土墙，多用坡向绿化来弥补，以此突出整体绿化表现效果。

3. 周密地制订施工计划并合理安排施工步骤

（1）前期的准备工作。包括材料、工具、资料和技术人员的准备工作，以及资料的技术处理和底盘的制作等。

（2）安排制作阶段的主要工作。包括底盘的处理与纠正；地形要素的建立；各项环境要素的制作及电路系统的安装；盘内装饰及各要素的衔接；外包装的设计、制作等。按工序的先后顺序与工作量的多少，合理安排制作工期。

（3）整体的组装和调试工作。要求各部分拼装准确，总体效果表现协调一致，声、光、电显示同步，控制无故障。

5.2　建筑模型底盘制作

5.2.1　建筑模型底盘制作因素

底盘是建筑模型的一部分。底盘的大小、材质、风格直接影响建筑模型的最终效果。建筑模型的底盘是承载整个模型的主要结构，也是安装发光设备和其他传动设备的主要依托。底盘包括盘面、边框、支架和发光、传动设备 4 个部分。它在建筑模型的制作中占有非常重要的地位。平整、稳固、宽大是模型底盘制作的基本原则，在具体制作中还要考虑建筑模型的整体风格、制作成本等因素。木质底盘质地浑厚，一般会保留原始木纹，或者在表面钉接薄木装饰板，装饰风格要与建筑模型主体相映衬，板材边缘仍需钉接或粘贴饰边，避免底盘边角产生开裂。底盘做得好，不仅会使整个沙盘模型显得高级，还会为整个沙盘起到锦上添花的作用。底盘的制作应考虑建筑模型的底盘尺寸，一般根据建筑模型制作范围和下面两个因素确定。

1. 模型标题的摆放和内容

建筑模型的标题一般摆放在模型制作范围内，其内容详略不一。所以在制作模型底盘时，应根据标题的具体摆放位置和内容详略确定尺寸，如图 5-1 所示。

2. 模型类型和建筑主体量

盘面的尺寸要根据模型的大小而定，一般来说要比整个模型的占地面积略大一些，盘面的边缘要比建筑模型的外边线宽出 10 cm 左右，用于摆放标题的内容和安装防尘罩。此外，还应根据模型类型和建筑物的数量来确定尺寸，如果建筑物较多，盘面较大，则盘面的外边缘与模型之间的间距还可以适当增加。如果是单体模型，如室内模型或单个别墅模型等，则盘面的外边缘与模型之间的间距要根据单体模型的高度和体量感而定，不能显得太空荡，但也不要过于局促。总之，要根据制作的对象来调整底盘的大小，这样才能使底盘和盘面上的内容更加一体化。底盘的高度也要视建筑模型的高度而定，如果是高层建筑物较多，则底盘可以低一些，以方便观看，一般以 45~55 cm 为宜，如果是室内模型或规划模型，由于这类模型本身不是很高，如果底盘太低也会影响观看，这类模型的底盘高度可以在 60~80 cm，如图 5-2 所示。

图 5-1   模型标题的摆放和内容

图 5-2   建筑模型底盘

5.2.2   建筑模型底盘制作要求

（1）底座的规格：在建筑体、模型范围及周围环境之间应当设置一定的距离，以便将模型从周围环境中凸显出来。另外还要考虑底座是否应该和建筑体地面保持一致。

（2）水平面：底座应符合±0.000 水平面，不能倾斜，在其上面建造地形或建筑物更加牢固。底座是地形的支架，以此为基础在其上面进行完整的建造。

（3）等高线形制作和下层建筑制作，要注意建筑体和底座上面固定零件的材料与建筑方式及制作工艺。此外，对地基水平面以下区域的制作表现还有如地下车库、地下通道等。

（4）底座的材料、结构和制作：底座必须保持稳固，具有一定的自重。另外，考虑好照明设备、变压器等设施的安装地点是否合适。

（5）为了表现更深的区域，需要在底座里开洞。

（6）进行模型表面的处理及材质、色彩的处理。

（7）建筑模型文字说明，也就是对模型的内容进行说明，也要考虑形式及规格。

（8）模型运输妥当，这关系到是否可以拆开或加装保护套的问题。

底座的形状和大小不仅与模型建筑的测尺和模型所呈现的比例有关，还与是否要将设计草图单独呈现出来还是与整体保持统一有着密切的关系。所以在设计和制作的时候绝不能马虎大意。

5.2.3　建筑模型底盘制作材质

制作底盘的材质，应根据制作模型的大小和最终用途而定。

目前，业界通常选用制作底盘的材质有轻型板、三合板、多层板、亚克力板等，以及大理石、钛合金、有机玻璃钢、铝塑板等。

一般作为学生课程作业或工作模型，在制作底盘时，要简洁、方便，可以选用一些轻型板（KT 板）、密度板，按其尺寸切割后即可使用。作为报审展示的建筑模型的底盘就要选用一些材质好且有一定强度的材料制作，一般选用的材料是多层板或亚克力板。

下面以多层板底盘的制作方法为例进行介绍。

多层板是由多层薄板加胶压制而成的，具有较好的强度。所以，一般较小的底盘就可以直接按其尺寸进行切割，而后镶上边框即可使用。如果盘面尺寸较大，就要在多层板下用木方进行加固，在用木方加固时，选用的木材最好是白松。因为白松含水率低，不易变形。其具体加固方法是先用 30 mm×30 mm 的木方条视底盘尺寸大小钉成一个木框，根据盘面的尺寸在木框内添加横竖木带，把它分隔成若干个方格，一般方格大小以 500 mm×500 mm 为宜。待木框钉成后刷上白乳胶，将多层板粘在木框上，放置于平整处干燥 12 h 后，镶上边框即可使用。

5.2.4　建筑模型底盘边框的制作方法

目前，建筑模型底盘边框的制作方法有很多种，比较流行的有 3 种，具体如下。

1. 用直角木线外包波音片作边框

用直角木线外包波音片制作边框看上去比较清秀、简洁。具体做法如下。

（1）先测量底盘的厚度，然后根据底盘厚度，加工制作若干条木线，木线高要比底盘厚度高出 10～15 mm（视底盘大小而定），同时，剪裁出与底盘周边长度相对应的若干条波音片。

（2）在一切准备就绪后先封边框，在封边框时，木线要与底盘的下边缘靠齐，并用木钉固定。以此类推，如图 5-3 所示。

（3）待全部围合后进行干燥，干燥后便可以用波音片粘边框面层。使用波音片粘贴时不需要另外准备黏合剂，因为波音片自带背胶，使用时撕掉覆背纸即可粘贴。

（4）在粘贴时，要注意面的平整性，转折处要棱角分明。粘贴后，用手再次挤压鼓面，使其面层更加牢固、平整。如发现粘贴面有气泡，可用针穿透面层将气排出。经过修整，一个完整的边框就制作完成了。

图5-3　用直角木线外包波音片制作的边框

2. 用珠光灰亚克力板作边框

用该材质制作的边框色彩典雅、豪华，看上去比较精致。具体做法如下。

（1）先测出底盘的厚度，并根据底盘厚度适当加放 1～1.5 cm（视其盘面大小），然后将珠光灰亚克力板（3 mm）切割成数条，并用电钻每隔 20 cm 打一个孔，将边框涂上 4115 建筑胶，待胶稍干后，将事前切割好的亚克力板条贴于边框上。在粘贴时，板条下边缘与底盘的下边缘靠齐，并用小钉子钉于事先打好的孔内，以此类推。将边框的四边围合好后，便可进行第二道边的围合。

（2）第二道边的围合与前一道边不同，第二道边是用没有打孔的亚克力板进行围合，而且两道边之间的粘接用三氯甲烷来完成。具体步骤是，先把两道边之间的粘接面擦拭干净，然后，将需要粘接的两道边上边靠齐，用吸满三氯甲烷的注射器向两道边中间注入三氯甲烷，干燥数分钟后，再用三氯甲烷进行第二次灌缝，以确保两道边粘接牢固。

（3）以上工序完成后，将边框放置于通风处干燥数小时，再用木工刨子将边框上端刨平，这样一个完整的边框就制作完毕了，如图5-4所示。

图5-4　用珠光灰亚克力板制作的边框

3. 用木边外包 ABS 板制作边框

用这种方法制作的边框形式各异，而且色彩效果可根据制作者的想法进行。其具体做法如下。

（1）先用木条刨出自己所需要的边框，然后镶于底盘上。待此道工序完成后，便可用 ABS 板包外边。当 ABS 板与木板粘接时，可选用 101 胶，该胶粘接速度快，强度高。

（2）在用 ABS 板包边时，应先从盘基开始向外依次粘接，在面与面转折处，缝口不要进行对接，因为对接容易产生接口不严，所以一般在面与面转折处，最好采用边对面的粘接形式。

（3）在边框转角处应采用 45°角对接。接口处一定要注意不能产生阴缝，待整个边框粘接好后，为了保证接缝处牢固，还可用 502 胶灌注一遍，然后将边框放置于通风处干燥 24 h，便可进行修整、打磨了。

（4）在打磨时，可先用刀子将接口处多余的毛料切削下去，然后用锉刀磨平。锉刀最好选用粗锉，而且用力要均匀，防止 ABS 板留下明显痕迹。用锉刀打磨基本平整后，还要用砂纸进行最后打磨。在选用砂纸时最好选用木工砂纸，因为 ABS 板涩而软，砂纸过细起不到打磨作用，砂纸过粗则会留下明显痕迹。所以，选择的砂纸一定要适中。另外，在用砂纸打磨时，应将砂纸裹于一块木方上，这样，在打磨时可以保证局部的平整性。在打磨完后，若有局部接缝处仍不严密，还可以用腻子进行填补、打磨。

（5）待上述工序全部完成后，将粉末清除，即可进行喷色。

用木边外包 ABS 板制作的边框如图 5-5 所示。

图 5-5　用木边外包 ABS 板制作的边框

5.3 建筑模型地形制作

5.3.1 建筑模型地形制作形式

建筑模型地形从形式上一般分为平地和山地两种。

平坦地面的场景模型布置没有高差变化，一般制作起来较容易。根据设计要求，建筑物的面积、交通、绿地、广场、水域面积都应考虑在内。一般可先确定水域位置，然后做出道路硬地（包括人行道、广场），最后是绿地（主要是草地）。在制作地面起伏不平的场景时，山地因受山势、高低等众多无规律变化的影响，因而给具体制作带来很多的麻烦，可采用层叠法和拼削法的方式制作山地地形模型。山地可用板材按设计要求的坡度加以支撑，做出弯曲的表面和山地。因此，无论是制作平地还是山地地形，一定要根据图纸及具体情况，策划出一个具体的制作方案。在策划制作具体方案时，一般要考虑以下几个方面。

1. 表现形式

山地地形的表现形式包括具象表现形式和抽象表现形式（见图5-6与图5-7）。

在制作山地地形时，表现形式一般根据建筑主体的形式和表示对象等因素来确定。一般用于展示的模型其主体较多地采用具象表现形式，且它所面对的展示对象是社会各阶层人士。所以，制作这类模型的山地地形较多采用具象表现形式。

图5-6 具象山地表现形式　　　　　　　图5-7 抽象山地表现形式

在制作山地地形时，对于制作经验不多的制作者来说，一般不应轻易地采用抽象表现手法来表现山地地形。因为用抽象表现的手法来表示山地地形，不仅要求制作者有较高的概括力和艺术造型能力，还要求观者具有一定的鉴赏力和专业知识。

2. 材料选择

选材是制作山地地形时一个不可忽视的因素。

在选材时，要根据地形和高差的大小而定。这是因为就山地地形制作的实质而言，它是通过材料堆积而形成的。比例、高差越大，材料消耗越多；反之，则材料消耗越少。若材料选择不当，一方面会造成不必要的浪费，另一方面会给后期制作带来诸多不便因素。材料的选择并不是到最后才受到模型比例的影响。例如，一块坚固有纹理的木材，可以由它的表面结构及颜色作为前景，不受建筑物的形状大小或地势起伏的限制。但是它并不适合用于制作比例在 1:500 之下的城市公共建筑模型、小型平面建筑粗略模型与构造模型。因为地形在亮色系至白色系的塑胶形式中最容易明确地凸显出来，所以更适合选用亮色材料。另外，可以将暗色的地形模型配上白色的建筑模型来获得对比效果。模型制作者要勇于尝试各种颜色与材料的搭配，寻找出哪些色调与材料最接近模型制作所追求的效果。

按照通常的概念，下列材料可以用于制作地形模型：波纹纸板、装饰纸板、灰色纸、夹板、软木、聚苯乙烯、胶合板、亚克力板及由铝或黄铜制成的金属片等。为了快速且干净地粘接等高层，最适合的黏合材料就是接触胶；对于亚克力板和聚苯乙烯则使用人工胶。在粘接的时候一定要小心使用溶剂，先试着粘接一下，再大面积粘接。粘接时一定要戴上呼吸防护罩，注意通风。

3. 制作比例

在制作分层建筑方式的地形时，必须选择符合模型比例的材料厚度。如规划制作 1 m 宽的建筑模型，也就是比例 1:100 的分层建筑模型，选择厚度 10 mm 的材料。为了削弱粗糙的阶梯式作用，可以在其间进行填补（按照规划进行改动）。

4. 制作精度

在进行山地地形制作时，其精度应根据建筑物主体的制作精度和模型的用途而定。建筑物的周边、道路、绿地和水面、引人注目的树木及露天阶梯、斜坡、护墙等都包括在地形中。

用来研究方案的工作模型，不作为展示而用，山地地形只要将山地起伏及高程表示准确就可以了。

而展示模型除了要把山地的起伏及高程准确地表现出来外，还要在展示时给观者以形式美。因此，制作时要结合建筑主体的风格、体量及制作精度来考虑。另外，制作山地地形还应结合绿化来考虑。

5.3.2　建筑模型的地形制作方法

建筑模型地形的制作不仅要考虑到美观，还要考虑到结实牢固，能很好地展示承载的模型。常见的建筑模型地形制作方法如下。

1. 平整地面地形的制作方法

平整地面是以木制底盘为基面，在大面上粘绒纸、吹塑纸或亚克力板、茶色玻璃。这种地面一般以深红色、深灰色绒纸作地面的草坪绿化，再以深灰色吹塑纸粘硬地面，即道路广场的地面；也可先粘亚克力板，再于其上粘绒纸作为绿化草坪，如图5-8所示。

图5-8 平整地面的地形

2. 土丘坡地地形的制作方法

土丘坡地地形的制作是在木制底盘的基础上，以泡沫块制作土丘坡地的等高线，以吹塑纸为填充物，垫起坡度，粘接牢固后再铺上地面材料，如图5-9所示。

图5-9 土丘坡地的地形

3．有水面地形的制作方法

通常用亚克力板来做水面的材料，方法是将亚克力板铺在底板上，再将地面材料粘在其上并用手术刀刻画水面部分，如图 5−10 所示。另外，还可以在水面上点缀一些装饰鹅卵石以活跃气氛。

图 5−10　有水面的地形

4．大面积广场地形的制作方法

大面积广场可用吹塑纸、砂纸、亚克力板、茶色玻璃作为地面材料，并按前文介绍的相应加工方法，刻画出不同质感的纹理，然后粘在底板上，如图 5−11 所示。

图 5−11　广场地形

5．山地地形制作方法

山地地形制作方法主要有以下两种。

（1）堆积法：先根据模型制作比例和图纸标注的等高线选择好厚度适中的聚苯乙烯

板、纤维板、软木等轻型材料，然后将需要制作的山地等高线描绘于板材上并进行切割。切割后，便可按图纸进行拼粘。若采用抽象的手法来表现山地，待胶液干燥后，稍加修整即可成型。如采用具象的手法来表现山地，待胶液干燥后，再用纸黏土进行堆积。堆积时要特别注意山地的原有形态，原有的等高线也要依稀可见，如图5-12所示。

图5-12　用堆积法制作的山地模型

（2）拼削法：取山地地形的最高点，向东南西北四个方向等高或等距定位，削去多余材料。大面积坡地可由几块泡沫拼接而成，泡沫用乳胶粘接，再放置草地。拼削法修改容易（要喷前处理），如图5-13所示。

图5-13　用拼削法制作的山地模型

各种材质做地形的特点如下。

（1）吹塑纸可加工成各种纹理，其质感粗糙，可以衬托建筑物的光洁华美。

（2）亚克力板或茶色玻璃做地面，其质感光滑坚硬，加之反光较强，便于表现城市繁华的景观和气氛。地面与建筑的反光和倒影相映生辉，多用于大型公共建筑、商场、文化娱乐中心的广场地面处理。

5.4　建筑模型道路制作

　　道路是环境景观规划中的重要组成部分，它像人体的血脉一样，贯穿于环境景区的景点之间，它不仅导引人流，还将环境景观绿地空间划成了不同形状、不同大小、不同功能的一系列空间。因此，道路规划直接关系到绿地各功能空间划分是否合理，人流交通是否通畅，景观组织是否合理，对景观绿地整体规划的合理性起着举足轻重的作用。

5.4.1　建筑模型道路制作设计

　　道路在建筑模型中的表现方式各不相同，它随着比例的变化而变化。在规划类建筑模型中，主要由建筑物路网和绿化构成。因此，要求道路制作设计既简单又明了，在颜色的选择上，统一用灰色调，对于主路、辅路和人行道的区分，只要在灰色调的基础上用明度变化来划分就可以了。在展示类建筑模型中，由于表现的深度和比例尺的变化，在道路制作设计时，要把道路的高差反映出来。

　　建筑模型道路制作在表现时应该考虑整体效果和表现方法，精细的表现模型可以ABS 塑胶板用计算机雕刻完成；也可用浅灰色防火板或即时贴整块粘贴于底盘台面上，然后在上面画出或留出道路的位置。用亚克力板、草坪纸、厚卡纸，将道路以外的部分垫起来，道路的边线就清楚地呈现出来了。模型中的主干道可用黄、白两色的即时贴裁成细条来表现快车道、慢车道、人行横道等标志线，也可以用遮盖法喷涂制成。大比例（如 1:100）的模型道路还可以用适当的材料（如 ABS 塑料、纸板等）做出道路的边石线，具体如图 5-14 所示。

图 5-14　建筑模型道路制作设计

5.4.2　建筑模型中不同类型道路的制作方法

　　道路是建筑模型盘面上的一个重要组成部分，下面介绍一下道路的具体制作方法。

1. 铁路的制作方法

窗纱是做铁路的常用材料。可以取一块不能抽动纱线的窗纱，染成银白色或黑色，裁成小条贴在适当的位置作为铁路。如果比例尺很大，可将亚克力板裁成薄的细条制作铁路，也可裁切赛璐珞板制作铁路，如图 5-15 与图 5-16 所示。

图 5-15　亚克力板制作铁路

图 5-16　铁路道路模型

2. 城市道路的制作方法

城市道路很复杂，有主干道、支干道、街巷道等，所以在表现方法上也不一样，下面介绍几种表现方法。

（1）主干道、支干道：将白色 0.5 mm 厚的赛璐珞板裁切成宽 1 mm 以下的细条粘在道路上，给人以一种边石线的感觉。

（2）街巷道：用植绒纸或薄亚克力板将不是道路的部分垫起来，这样自然产生高差，道路边线便十分清楚地显现出来。

（3）用即时贴裁成细条贴在边石线上，弧线部分用白水粉画出来。

（4）全部用白水粉画出街巷边线。

3. 乡村道路的制作方法

乡村道路可用 60～100 号黄色砂纸按图纸的形状剪成。在往底盘上粘贴时要注意砂纸的接头，要对好、粘牢，以防止翘起。最好用透明胶纸在砂纸背面将接头粘牢后再粘到底盘上，这样才能保证接头部分不裂缝、不翘起，如图 5-17 与图 5-18 所示。

图 5-17　展示模型的道路制作

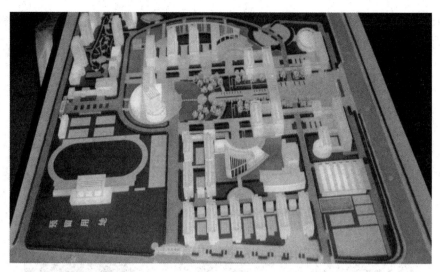

图 5-18　方案模型的道路制作

5.4.3　建筑模型道路制作要求

（1）制作 1:2 000～1:1 000 的建筑模型道路。一般来说，此类建筑模型主要是指规划类建筑模型。在此类模型中，主要由建筑物路网和绿化构成。在制作此类模型时，路网的表现要求既简单又明了。在颜色的选择上，一般选用灰色。对于主干道、支干道和街巷道的区分，要统一放在灰色调中考虑，用其色彩的明度变化来划分道路的种类，如图 5-19 所示。

图 5-19　比例尺 1:1 000 的建筑模型道路

（2）制作 1:300 以上的建筑模型道路。此类建筑模型主要是指展示类单体或群体建筑的模型。在此类模型中，由于表现深度和比例尺的变化，在道路的制作方法上与规划类建筑模型不同。在制作此类模型时，除了要明确示意道路外，还要把道路的高差反映出来，如图 5-20 所示。

图 5-20　比例尺 1:200 的建筑模型道路

在制作 1:300 以上展示类模型的道路时，可用 0.3～0.5 mm 的 PVC 板或 ABS 板作为制作道路的基本材料。具体制作方法是：首先按照图纸将道路形状描绘在制作板上，然后用剪刀或刻刀将道路准确地剪裁下来，并用酒精清除道路上的画痕。同时，用选定好的自喷漆进行喷色，喷色后即可进行粘接，如图 5-21 与图 5-22 所示。

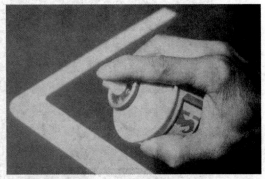

图 5-21　用刻刀裁切道路　　　　　　　图 5-22　用自喷漆进行喷色

粘接时可选用喷胶、三氯甲烷或 502 胶为黏合剂。在具体操作时，应特别注意粘接面，胶液要涂抹均匀，粘接时道路要平整，边缘无翘起现象。如道路是拼接的，特别要注意接口处的粘接。粘接完毕后，还可视其模型的比例及制作的深度，考虑是否进行路牙的镶嵌等细部处理，如图 5-23 所示。

图 5－23　丰富活泼的路面场景

5.5　建筑模型绿化制作

　　建筑模型绿化制作设计是建筑模型制作设计中一个重要的组成部分。在建筑模型中，除建筑主体、道路、铺装外，很大面积属于绿化范畴。绿化种类多种多样，包括树木、树篱、草坪、花坛等。绿化既要形成一种统一的风格，又不能破坏与建筑主体间的关系。用于建筑模型绿化的材料品种很多，常用的有植绒纸、即时贴、大孔泡沫、绿地粉等。

5.5.1　影响建筑模型绿化设计的因素

　　建筑模型的绿化由色彩和形体两部分构成，在制作前首先要了解设计人员的思路和表现意图，然后在了解的基础上，根据建筑模型制作的类别及内在规律，合理地进行制作设计。设计时应从以下几方面考虑。

　　1. 绿化与建筑主体的关系

　　建筑主体是设计制作建筑模型绿化的前提。在进行绿化设计制作前，首先要了解建筑主体的风格、表现形式及在图面上所占的比重。另外，绿化还要注意与建筑主体的关系。主体建筑与绿化要相互掩映，使绿化与主体建筑自然地融为一体，真正体现园林绿化的特点。在若干类型的建筑模型中，绿化占有较大的比重，同时还要表现若干种布局及树种，因此，在设计此类模型绿化时，一定要把握总体感觉，根据真实环境设计绿化。在设计制作园林规划模型绿化时，要特别强调园林的特点。在具体表现时，采取繁简对比的手法表现，重点刻画中心部位，简化次要部分。

　　2. 制作比例与精度

　　1）设计与制作大比例模型绿化

　　在设计制作大比例单体或群体建筑模型绿化时，需要做到示意明确、清晰有序。所

139

以在绿化的表现形式上要做得简洁些,树的色彩选择要稳重,树种的形体塑造应随其建筑主体的体量、模型比例与制作深度进行刻画。

在设计制作大比例别墅模型绿化时,需塑造一种温馨家园的氛围,所以在表现形式上就可以做得活泼、新颖些,树的色彩也可以选择明快些的,但要掌握尺度。树种的形体塑造要有变化,做到详略得当。

2)设计与制作小比例模型绿化

在设计制作小比例模型绿化时,表现形式和侧重点应放在整体感觉上。因为此类建筑模型的建筑主体比例尺度小,一般是用体块形式来表现的,其制作深度远低于单体展示模型的制作深度。所以,在设计制作此类建筑模型绿化时,应将行道树与组团、集中绿地区分开。在选择色彩时,行道树的色彩可以比绿地的基色深或浅,并形成一定的反差。集中绿地、组团绿地除了表现形式与行道树不同外,色彩上也应有一定的反差。

3. 建筑模型绿化的色彩原则

色彩是绿化制作的另一个要素。自然界中的树木色彩通过阳光的照射、自身形体的变化、物体的折射和周围环境的影响而产生出微妙的色彩变化。但在设计建筑模型绿化色彩时,由于受模型比例、表现形式和材料等因素的制约,不可能如实地描绘自然界中绿化丰富而微妙的色彩变化,只能根据建筑模型制作的特定条件来设计描绘绿化的色彩。

绿化在整个盘面所占的比重相当大,所以在选择绿地颜色时,选择深绿、土绿或橄榄绿较为适宜。也不排除为了追求一种形式美而选用浅色调的绿地。在选择大面积浅色调绿地颜色时,应充分考虑其与建筑主体的关系。同时,还要通过其他绿化配景来调整色彩的稳定性,否则将会造成整体色彩的漂浮感。在选择绿地色彩时,还可以视建筑主体的色彩,采用邻近色彩的手法来处理。如建筑主体是黄色调时,可选用黄褐色来处理大面积绿地,同时配以橘黄色或朱红色的其他绿化配景。采用这种手法处理,一方面可以使主体和环境更加和谐,另一方面还可以塑造一种特定的时空效果。

建筑模型绿化的色彩是依据建筑设计而进行构思的。因为建筑模型绿化的色彩是建筑模型整体构成的要素之一,同时它又是绿化布局、边界、中心、区域示意的强化和补充。所以,建筑模型绿化的色彩要紧紧围绕其内容进行设计和表现。

在进行具体的色彩设计时,首先,要确定总体基调,考虑建筑模型类型、比例、盘面面积和绿化面积等因素。其次,要确定色彩表现的主次关系。色彩表现的主次关系一般与建筑设计相一致,中心部位的色彩一定要精心策划,次要部位要简化处理。在同一盘面内,不要产生多中心或平均使用力量的方式进行色彩表现。最后,注意区域色彩效果。在上述色彩表现原则的基础上,注意局部色彩的变化,局部色彩处理得好坏,将直接影响绿化的层次感和整体效果,如图5-24与图5-25所示。

总之,绿化的色彩与表现形式、技法存在多样性与多变性。在建筑模型设计制作时,要合理地运用这些多样性和多变性,丰富建筑模型的制作,完善对建筑设计的表达。

4. 绿化的形体塑造

在设计塑造绿化的形体时,须依据各自的原形概括地表现。此外,还要考虑建筑模型的比例、绿化面积及布局等因素的影响。

图 5-24　深色绿地方案模型　　　　　　　　　图 5-25　浅色绿地方案模型

在设计制作各种绿化形式时，建筑模型的比例直接制约这些绿化的表现样式。绿化制作形体刻画的深度随着建筑模型的比例变化而变化。

在设计制作建筑模型的绿化时，应根据绿化面积及总体布局来塑造树的形体。例如，在设计制作行道树时，一般要求树的大小、形体基本一致，树冠部要饱满些，排列要整齐，以体现出一种外在的秩序美。在制作组团绿化时，树木形体的塑造一定要结合绿化的面积来考虑。同时，还要注意绿化的布局，若组团绿地是对称形分布，在设计制作绿化时，一定不要破坏它的对称关系，同时要在对称中求变化。在设计制作大面积绿化时，要特别注意树木形体的塑造和变化。

5.5.2　建筑模型绿化的制作

1. 绿地制作

绿地虽然占盘面的比重较大，但在色彩及材料选定后，制作的方法也较为简便。需要注意的是，绿地可分为平地绿化和山地绿化。平地绿化是运用绿化材料一次剪贴完成的，而山地绿化则是通过多层制作而形成的。常用的山地绿化材料有自喷漆、绿地粉、胶液等。绿地草坪的制作材料有尼龙植绒草坪纸、纤维粘胶草绒粉、锯末粉染色等。各种制作绿地的方法具体步骤如下。

（1）选用纤维粘胶草绒粉制作草坪绿地。制作时用白乳胶涂抹在建筑模型需做草坪的部位，然后将草绒粉均匀地撒在上面，如底盘尺寸较小，可一边抖动底盘，一边撒草绒粉，再用手轻轻按压撒了草绒粉的地方，然后放置一边干燥。待干燥后，将多余的粉末抖落掉，对缺陷处再稍加修整，即可完成草地绿化工序。也可以用双面胶粘贴在模型所需制作草坪处，再撒上草绒粉，用手来回搓散草绒粉，使其均匀即可。此办法较简略，效果也较好，如图 5-26 所示。

（2）选用尼龙植绒草坪纸做平地绿地。按图纸的形状将若干块绿地剪裁好，待全部绿地剪裁好后，便可按具体部位进行粘接。制作时一定要注意植绒草坪纸的方向，以及黏合剂的选择。如果是往木质或纸类的底盘上粘接时，可选用白乳胶或喷胶；如果是往亚克力板底盘上粘接时，则选用喷胶或双面胶带。在用白乳胶进行粘接时，一定要注意胶液稀释后再用。在选用喷胶粘接时，一定要选用高黏度喷胶。用植绒草坪纸制作的平地绿化如图 5-27 所示。

图 5-26　用草绒粉制作的草坪绿地

图 5-27　用植绒草坪纸制作的平地绿化

（3）选用厚度为 0.5 mm 以下的 PVC 板或 ABS 板制作平地绿地。按绿地的形状进行剪裁，然后再进行喷漆，待全部绿地喷完漆干燥后进行粘接。此种方法适宜大比例模型绿地的制作。因为这种制作方法可以造成绿地与路面的高度差，从而更形象、更逼真地反映环境效果，如图 5-28 所示。

（4）制作山地绿地。先将堆砌的山地造型进行修整，修整后用废纸将底盘上不需要做绿化的部分进行遮挡并清除粉末，然后用绿色自喷漆作底层再喷色处理。底层绿色自喷漆最好选用深绿色或橄榄绿色，喷色时要注意均匀度。待第一遍喷漆完成后，及时对造型部分明显的裂痕和不足进行再次修整，修整后再进行喷漆。待喷漆完全覆盖基础材料后，将底盘放置于通风处进行干燥，底漆完全干燥后，便可进行表层制作。先将胶液（胶水或白乳胶）用板刷均匀地涂抹在喷漆层上，然后将调制好的绿地粉末均匀地撒在上面，在铺撒绿地粉时，可以根据山的高低及朝向做些色彩的变化。在绿地粉铺撒完后，可轻轻地按压，然后将其放置到一边干燥。待干燥后，将多余的粉末清除，对缺陷再稍加修整，即可完成山地绿化，如图 5-29 所示。

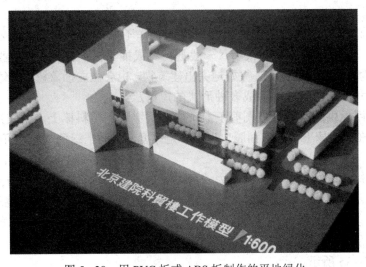

图 5-28　用 PVC 板或 ABS 板制作的平地绿化

图 5-29　山地绿化模型

2. 树木制作

树木是场景模型中需要绿化的一个重要组成部分。树作为点睛之笔，是每个场景模型中除主体建筑外数量最多的构成部件。模型树的规格也最繁杂，合理设计好树的位置，无疑会提升整体的设计效果。除行道树大体等距外，其他的景观树、树丛、树林都要疏密相间，少对称，多均衡，高矮参差，错落有致。对初学者来说，忌平均分布树木。在大自然中，树木的种类、形态、色彩千姿百态，要把大自然的各种树木浓缩到园林模型中，这就需要模型制作者要有高度的概括力和表现力。在造型上要参照大自然中的树，在表现上要高度概括。制作树的材料一般选用泡沫、干花、纸张等。

树木的制作方法主要有手工自制树木与购买成品树木两种方法。树木的制作表现形式有抽象树和具象树。

1）抽象树

抽象树是根据模型制作要求提供的材料，制作不同的树的形态。在小比例模型中（1:500 或更小），由于树的单体很小，一般把树做成抽象树；在大比例模型中（1:300～1:100），有时为了简化树的存在，更好地突出建筑物，也会做成抽象树。具体有以下几种。

海绵树：利用绿色海绵，剪成多种形式的短树丛。

纸树：可用提供的彩印纸按图剪下，一层一层穿贴到塑料棒上，做成景观树。

草粉树：在塑料棒上多贴双面胶以形成一定厚度，再撒上绿色草粉，可做成杉树形态的行道树。

利用各种材料，发挥更多的想象力，可以做成不同的树。在表现南方热带气候植物如棕树、椰树、芭蕉树、香蕉树时，可以用卡纸（色纸）卷曲、剪型、梳理而成。只要平时多留心、多注意，就可以发现有很多可用来制作树的东西，如丝瓜瓤、干花、化纤洗碗方巾等，将它们加工修剪，插上牙签，喷漆后都可制成美丽的树。各种抽象树如图 5-30～图 5-35 所示。

图 5-30　用海绵制作的抽象树

图 5-31　用模型卡纸制作的抽象树

图 5-32　用树枝制作的抽象树

图 5-33　用玻璃纸和钉子制作的抽象树

图 5-34 用纸条制作的抽象树   图 5-35 用模型卡纸制作的抽象树

2）具象树

根据不同的树种，具象树有不同的制作方式，几种常用具象树的制作方法如下。

（1）行道树的制作：一般的行道树可使用多股金属线（用在 1:200～1:50 的模型中）制作。将 25 股、直径 0.2 mm 粗细的铁丝或铜丝的一端用老虎钳捆紧，固定在桌上，另一端套在手摇钻孔机的钻头套筒上，然后慢慢转动，使得金属丝缠绕在一起，之后就可以依所需树木的高度及树冠的直径切割相符的尺寸。把预定的树冠部分的金属丝扭开，然后弯曲出所构想的树枝。树的基本形状构成后，把树枝部分粘上胶水，撒上绿色草粉，一棵行道树就做成了。用此方法还可制作常用的松树、柳树等，如图 5-36 所示。

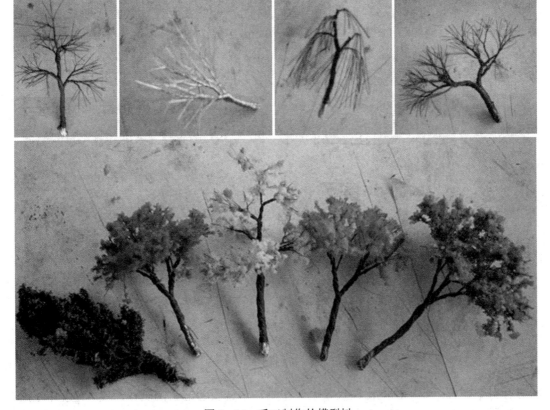

图 5-36 手工制作的模型树

购买的型材成品树木可以直接固定在模型底板的树木区域，如图 5-37 所示。

图 5-37　型材成品树木

（2）椰子树、棕榈树的制作：这类树木的制作一般采用厚薄适当的纸张来完成，按要求尺寸裁好制作树干的长纸条（宽 1.5～2.0 cm，视比例要求来定），在细竹棒（可用牙签替代）上卷成细长宝塔形，用剪刀裁剪 6 张树叶形纸条，再用胶水将其粘在宝塔形树干上部，最后上漆即可，如图 5-38 与图 5-39 所示。

图 5-38　椰子树的模型制作

图 5-39　棕榈树的模型制作

3. 其他绿化景观的制作

（1）树篱。树篱是由多棵树木排列组成的，通过剪修而成型的一种绿化形式。在表现这种绿化形式时，如果模型的比例尺较小，可直接用渲染过的泡沫或面洁布，按其形状进行剪贴即可；如果模型比例尺较大，在制作中就要考虑它的制作深度、造型和色彩等，如图 5-40 所示。

图 5-40　树篱的模型制作

（2）树池。树池也是环境绿化中的组成部分。虽然树池的面积不大，但处理得当，会起到画龙点睛的作用。制作树池的材料与制作草坪的材料基本一样，一般选用绿地粉、大孔泡沫塑料、木粉末和塑料屑等。

（3）花坛。在场景中，制作花坛可选用五颜六色的海绵、粘胶草绒粉、树粉等，并可采用一些现成的塑料压制的小花卉，经裁剪后运用。制作时依据所做花坛的需求，粘上不同颜色的材料即可，如图 5-41 所示。

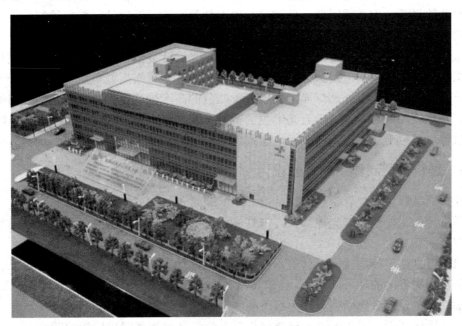

图 5-41　树池与花坛的模型制作

图 5-42 是草坪、绿化、路面的表现。

图 5-42　草坪、绿化、路面的表现

5.6　建筑模型灯光制作

在沙盘模型中，灯光主要由建筑模型内部效果灯、建筑模型外部效果灯、街道效果灯、水系效果灯、顶置照明灯、顶置追光投射灯等组成。通过计算机的控制，可以在模型上营造出日间效果、夜间效果，并可按功能区域突出展示，如行政区、商业区、道路网、水系、绿化带、名胜古迹等。商业模型的灯光设计要重视建筑模型内部效果灯、建筑模型外部效果灯、街道效果灯。建筑模型内部的灯光可采用低电压灯泡，配合半透明的建筑材料。建筑模型外部灯光可采用各种颜色的高度聚光发光二极管，其发出的光束投射在建筑物的外表，营造出五光十色的节日夜晚气氛。街道效果灯可采用橙色微型发光二极管，模拟出车水马龙的大街小巷效果。

5.6.1　建筑模型制作中的灯光设计

建筑模型除了供观者了解建筑情况外，其观赏价值也非常高。一件具有观赏价值的建筑模型，如果能够把灯光控制好，把灯光的元素很好地融入进去，相信建筑模型的观赏性会更加高。

（1）根据建筑模型里面设计的不同功能区来添加不同色彩的灯光，这样可以让观者很容易辨别出各区的功用。另外，建筑模型楼体分层亮灯，给建筑模型增添了艺术色彩，也更加真实，使观者感受到现代大都市的气息，有身临其境之感。

（2）绿化地带：绿化树木一定要用相对应的灯光来加强绿化环境的颜色。

（3）庭院灯：采用造型美观、高亮度的观赏灯，考虑观赏性，比例可以适当放大。

（4）路灯：路灯的大小不仅要跟现实路灯的大小成一定的比例，还要根据建筑模型的现实情况来设计，如图 5-43 所示。

图 5-43　建筑模型的灯光设计与制作

5.6.2　建筑模型中灯光系统的组成部分

1. 建筑模型内部效果灯

建筑模型内部效果灯安装在建筑物内部，打开后产生万家灯火的晚间效果。根据建筑模型的尺寸和结构，每个建筑模型内部可放置 1～5 个内部效果灯。

2. 建筑模型外部效果灯

建筑模型外部效果灯根据建筑模型的尺寸和结构，每个建筑模型外部可放置 2～10 个外部效果灯。

3. 街道效果灯

街道效果灯主要安装于街道两侧的路灯灯杆模型上。

4. 水系效果灯

水系效果灯采用冷色发光二极管或低电压灯泡，配合半透明的水面材料，可以突出展示城市水系的迷人风采。安装于河流湖泊水面之下。

5. 顶置照明灯

顶置照明灯安装在包装与模型顶部支架上，为整个模型提供均匀的采光照明。

6. 顶置追光投射灯

顶置追光投射灯安装于模型顶部支架上独立展区的四角，在每个展区放置 4 只追光投射灯，即可根据计算机发出的控制命令自动调整投射的方向，从 4 个方向投射到某一建筑或某一区域之上，凸显该建筑或区域。

图 5-44 为建筑模型的灯光设计与制作。

图 5-44　建筑模型的灯光设计与制作

5.6.3　建筑模型的灯光搭配注意事项

　　建筑模型是根据建筑的图纸，把建筑结构按照一定的比例，通过机器或手工进行制作拼接的一种技术。灯光的搭配很重要。灯光的设计要合理，运用灯光的时候必须要做到层次分明，突出重点地段，如路灯和庭院灯的摆放位置，以及摆放比例。另外，路灯、庭院灯的灯照亮度等，都必须与模型环境相衬。根据不同景物的特点，灯光的主次分层也是不一样的，住宅区的建筑、水景灯光尽量用暖色，景物的灯光通常用冷色，路灯和庭院灯色彩要统一，按照一定的规律来设定。建筑的色彩要多层次展现，但又要清晰明确。需要强调一点的是，度的把握很重要，切忌到处都是高明度区域，导致周边一些部分反而夺了主体的光彩。配景就是配景，主角必须是主角，没有取舍就没有重点，就没有成功的模型。

　　色彩的搭配直接影响到模型展示效果的好坏，有了成功的灯光展现才算得上是一个完美的建筑模型，如图 5-45 所示。

图 5-45　成功的灯光展现

5.7　建筑模型其他配景制作

5.7.1　水面

水面是各类建筑模型中，特别是景观模型环境中经常出现的配景之一。在建筑模型中，水面的制作，能让模型平添许多生动气息。不同的建筑模型，水面的表现都不一样。总的来说，水面模型都是根据建筑沙盘模型的风格和比例来制作的。

1. 建筑模型中的水面制作方法

（1）在制作建筑模型比例较大的水面时（见图 5-46），需要考虑水面和路面的高度差。通常采用的方法是，先将底盘上的水面部分进行镂空处理，然后将透明亚克力板或带有纹理的透明塑料板按设计高差贴于镂空处，并用蓝色自喷漆在透明板下面喷上色彩即可。用这种方法表现水面，一方面可以将水面与地面的高差表现出来；另一方面透明板在阳光照射和底层蓝色漆面的反衬下，其仿真效果更好。再用假山、碎石和道路等围成不规则的水面区域。这里需要注意的是，亚克力板的厚度不宜过厚。

（2）在制作建筑模型比例较小的水面时（见图 5-47），水面与路面的高差就可以忽略不计了。在制作时，可直接用蓝色即时贴按其形状进行裁剪。裁剪后，按其所在部位粘贴即可。另外，还可以利用遮挡着色法进行处理。其做法是，先将遮挡膜贴于水面位置，然后进行镂刻。刻好后，用蓝色自喷漆进行喷色。待漆干燥后，将遮挡膜揭掉即可。

图 5-46　建筑模型比例较大的水景　　　　图 5-47　建筑模型比例较小的海水水景表现

建筑模型中水面的制作方法非常多，为更好地展示建筑沙盘模型的真实效果，往往采用高科技手段，水面、树木的表现效果如图 5-48 所示。

2. 模型制作公司制作水景的方法

现代建筑讲究上风上水，俗话说，好的风水才能有好的住房，那么模型制作公司在制作水景建筑模型时有什么好的方法呢？无论是动态的还是静态的，水都是最有灵性的，如果在建筑模型或沙盘模型制作中加入水这一元素，将会让整个布局更有动感，还能给人以一种美的享受。

图 5-48　水面、树木的表现效果

1）动态水景

这种动态水景在诸多的水景中是最为复杂的一种，这种复杂体现在很多方面，包括制作的材料、工艺及过程都很复杂。当然，当工作完成后，其给人的感觉也是耳目一新的，潺潺的流水仿佛使人能够置身于大自然之中。表现的形式也最为强烈，具体的做法是：将感光片背贴在平板玻璃之下，制作出动态水景模型效果，如图 5-49 所示。

图 5-49　动态水景

2）静态水景

这种形式的水景是需要用其他道具来进行衬托的，否则达不到想要的效果，制作水纹效果的关键是用内置灯光的衬托来实现，此时内部灯光的明暗就成了水景展示的重点所在，如图 5-50 所示。

图 5-50　静态水景

3）仿真水景

仿真水景是模型制作中较为常见的一种表现方式，具体的做法是：在水纹玻璃上浇注透明树脂，以达到逼真的效果，如图 5-51 所示。

图 5-51　仿真水景

5.7.2 建筑小品

建筑小品包括很多内容，如雕塑、亭榭、假山、水面、旗杆、栏杆、喷泉和花坛等。这类配景在整体建筑模型中所占的比例相当小，但就其效果而言，建筑小品往往可起到丰富、活跃、点缀环境的作用。一些初级模型制作者在表现这类配景时，在材料的选用和表现深度上往往掌握不准。这些小品的做法多种多样，应根据需要灵活选材。如亭榭可以直接购买模型；假山能用白橡皮切出来，制作材料可用橡皮、黏土、石膏等可塑性强、容易加工雕刻的材料；用亚克力板、ABS 板、PVC 板、泡沫塑料片制作遮阳雨棚、公园的体育设施、座椅等公共设施。另外，寻找旧玩具、小饰品等可利用的材料进行拼接，制成小品，还可利用废煤渣、小鹅卵石、小贝壳做成假山、石碑等景观，如图 5-52 与图 5-53 所示。

图 5-52　景园小品　　　　　　　　　　　图 5-53　环境小品

建筑小品在模型中起到点缀、活跃气氛的目的，只需适度表现，追求形似，无须下大力详做，贵在以巧取胜。景观小品模型的选择要与整体模型的比例相一致。

在制作雕塑类小品时，可用橡皮、黏土、石膏等可塑性强的材料来堆积、制作表现力和感染力强的雕塑小品；制作假山类小品，也可用碎石块或碎亚克力板块，通过粘接、喷色，得到形态各异的假山，如图 5-54 所示。

在表现形式和深度上要根据模型的比例和主体深度而定。一般来说，在表现形式上要抽象化。因为这类小品的物象是经过缩微的，没有必要、也不可能与实物完全一致。有时这类配景过于具象还会引起人们视觉中心的转移。同时，也不免产生几分匠气。所以，制作建筑小品一定要合理地选用材料，恰当地运用表现形式，准确地掌握制作深度。只有做到这三者的有机结合，才能处理好建筑小品的制作，同时达到预期的效果，如图 5-55 所示。

图 5-54　假山小品模型

图 5-55　景观模型中的建筑小品模型

5.7.3　公共设施标志及人物的制作

公共设施标志及人物是随着模型比例的变化而产生的一类配景。此类配景一般包括路牌与标志牌、围栏、建筑物标志、人物等。

1. 路牌与标志牌

路牌与标志牌是一种示意性标志物,由两部分组成。一部分是路牌架,另一部分是示意图形。在制作这类配景物时,可以灵活一些,首先要按比例及造型,将路牌架制作好。然后,进行统一喷漆。路牌架的色彩一般选用灰色。待漆喷好后,就可以将各种示意图形贴在牌架上，并将这些牌架摆放在盘面相应的位置上。在选择示意图形时，一定要用规范的图形，若比例不合适，可用复印机将图形缩放至合适比例。当然，有些标志牌可以省去立柱，直接用亚克力板切割成预先设计好的造型，加上示意的内容即可。

2. 围栏

围栏的造型多种多样。由于比例及手工制作等因素的制约，很难将其准确地表现出来。因此，在制作围栏时，应加以概括。

在制作小比例的围栏时，最简单的方法是先将计算机内的围栏图像打印出来，必要时也可用手绘。然后将图像按比例用复印机复印到透明胶片上，并按其高度和形状裁下，粘在相应的位置上，即可制作成围栏；还有一种是利用划痕法制作，先将围栏的图形用勾刀或铁笔在厚 1 mm 的透明有机板上作划痕，然后用选定的广告色进行涂染，并擦去多余的颜色，即可制作成围栏，有明显的凹凸感，且不受颜色的制约，如图 5-56 所示。

图 5-56　别墅建筑模型中的围栏

在制作大比例的围栏时，上述两种方法则显得较为简单。为了使围栏表现得更形象与逼真，可以用金属线材通过焊接来制作围栏。其制作方法是：先选取比例合适的金属线材，一般用细铁丝或漆包线均可。然后将线材拉直，并用细砂纸将外层的氧化物或绝缘漆打磨掉，按其尺寸将线材分成若干段，待下料完毕后，便可进行焊接。还可以利用此方法来制作扶手、铁路线等各种模型配景。

此外，在模型制作中，若要求仿真程度较高时，也不排除使用一些围栏成品部件。

3. 模型人物

建筑模型中的人物可烘托建筑的繁华气氛，也是建筑的关键参照物。人的模型具象表示可用纸板法，即选出合适比例、高度的人贴在硬纸板上立于底盘之上；抽象表示只能显示出头、身和双腿，头、腿为黑色，电线套管所示身段可为彩色，高度按比例算出。成品人物模型可根据不同比例的模型所表现的主题选择不同的尺度和形象，如图 5-57 所示。

图 5-57　别墅建筑模型中的人物

5.7.4　汽车与路灯的制作

1. 汽车

汽车是建筑模型环境中不可缺少的点缀物（见图 5-58）。汽车在整个建筑模型中有两种表示功能。其一，是示意性功能。即在停车处摆放若干汽车，可明确告诉观者，此处是停车场。其二，是表示比例关系。人们往往通过此类参照物来了解建筑的体量和周边关系。另外，在主干道及建筑物周围摆放些汽车，可以增强环境效果。但要注意，汽车色彩的选配及摆放的位置、数量一定要合理，否则效果将适得其反。

图 5-58　汽车是建筑模型环境中不可缺少的点缀物

目前，汽车的制作方法及材料有很多种，一般较为简单的制作方法有两种。

（1）翻模制作法。首先，模型制作者可以将所需制作的汽车按其比例和车型各制作出一个标准样品。然后，用硅胶或铅将样品翻制出模具，再用石膏或铅将样品翻制出模具，最后用石膏或石蜡进行大批量灌制。待汽车模型灌制、脱模后，统一喷漆，即可使用，如图 5-59 所示。

（2）手工制作法。利用手工制作汽车，首先是材料的选择。如果制作小比例的模型车辆，可用彩色橡皮，按其形状直接进行切割。如果制作大比例汽车，最好选用亚克力板进行制作。在制作时，先要将车体按其体面进行概括。以轿车为例，可以将其概括为车身、车篷两部分。汽车在缩微后，车身基本是长方形，车篷则是梯形。然后根据制作的比例用亚克力板或 ABS 板按其形状加工成条状，并用三氯甲烷将车的两部分进行粘接。待干燥后，按车身的宽度用锯条切开并用锉刀修其棱角。最后进行喷漆即成，如图 5-60 所示。若模型制作仿真要求较高时，可以在此基础上进行精加工或采用市场上出售的成品模型汽车。

图 5-59　翻模制作法　　　　　　　　　　图 5-60　手工制作法

2. 路灯

模型小品路灯适合用于 1:100 或更大的模型中，在主干道两边、广场周围根据设计需要选用高架灯或地灯。地灯用文具店卖的彩色珠针，有红、黄、白三色。高架路灯用 0.5 mm 粗的钢丝或漆包线弯成折线形，两边可以高低不同，也可一样高，折肩处用 502 胶粘牢即可。路灯实际灯高 6～8 m，模型灯高按比例算出来。一般模型小品路灯为 6～7 cm 的高度（见图 5-61）。

在大比例尺模型中，有时在道路边或广场中制作一些路灯作为配景。在制作此类配景物时，应特别注意尺度。此外，还应注意，在设计人员没有选形的前提下，制作时还应注意路灯的形式与建筑物风格及周围环境的关系。

在制作小比例尺路灯时，最简单的制作方法是将大头针带圆头的上半部用钳子折弯，然后在针尖处套上一小段塑料导线的外皮，以表示灯杆的基座部分。这样，一个简单的路灯便制作完成了，如图 5-62 所示。

图 5-61　一般模型小品路灯为 6～7 cm 的高度　　图 5-62　景观中的路灯模型

5.7.5　标盘、指北针、比例尺的制作

标盘、指北针、比例尺是建筑模型制作的又一重要组成部分。标盘显示建筑模型的主题内容，指北针、比例尺具有示意性功能。指北针可了解建筑的朝向，比例尺可计算出楼距，对观者有比较重要的参考意义。三者同时也起着装饰的作用。

制作这部分内容时要考虑建筑模型的风格、盘面可以摆放具体内容的大小。标盘、指北针、比例尺既可集中展示，又可分成两部分来处理。无论制作者采用何种形式来制作该内容，切忌草草了事。因为标盘、指北针、比例尺制作得好坏，往往影响建筑模型制作的整体效果。另外，还需要提醒大家的是：标盘、指北针、比例尺这部分内容无论如何组合或采用何种方法来加工制作，图文内容都要简明扼要、排列合理，大小要适度，切忌喧宾夺主。下面介绍标盘、指北针、比例尺的常见制作方法。

1. 即时贴制作法

用即时贴制作法来制作标盘、指北针及比例尺是一种简单易行的制作方法。此种制作方法是先将内容用计算机刻字机加工出来，然后用转印纸将内容转贴到底盘上，这种制作法不仅简捷方便，而且美观大方。另外，即时贴的色彩种类多样，便于选择，如图 5-63 所示。

图 5-63　标盘、指北针、比例尺的即时贴制作方法

2. 亚克力板制作法

用亚克力板将标盘、指北针及比例尺制作出来，然后将其粘贴在盘面上，这是一种传统的制作方法，这种方法立体感较强、醒目，如图 5-64 所示。其不足之处是，由于亚克力板原色过纯，往往和盘内颜色不协调。所以，现在模型制作者较多地采用透明亚克力板反面雕刻阴字的制作方法。此种制作方法视觉效果更好，具有更强的立体感及艺术表现力。

图 5-64　标盘、指北针、比例尺的亚克力板制作方法

3. 腐蚀板制作法

腐蚀板制作法是一种以 1.0～1.5 mm 厚的不锈钢或铜板作基底，用腐蚀工艺进行加工制作的方法。此种方法是先用光刻机将内容复制在板材上，然后用化工原料（不锈钢用盐酸，铜板用三氯化铁）腐蚀，腐蚀后再作面层效果处理。面层效果有抛光、拉丝、喷砂 3 种不同工艺。进行表面层工艺加工后，镀膜防止氧化，并对已腐蚀的文字内容涂漆，待干燥后，即可得到精美的文字标盘，如图 5-65 所示。

图 5-65　标盘、指北针、比例尺的腐蚀板制作方法

4. 雕刻制作法

雕刻制作法是以双色板为基底，用雕刻机完成加工制作的一种方法。具体制作方法是，先用计算机将图文录入、编辑，然后将可加工数据传入铣雕系统进行雕刻加工。加工后，面层与基底色形成具有凹凸效果的双色图文内容。同时，还可以通过涂抹颜色的方法，添加若干种色彩，如图 5-66 所示。

图 5-66　标盘、指北针、比例尺的雕刻制作方法

以上介绍的几种加工制作方法，加工工艺各不相同，制作时需要一些专业加工设备。如果没有专业加工制作部门，则需委托具有相关加工设备的制作单位进行加工制作。

总之，标盘、指北针、比例尺这部分内容无论如何组合或采用何种方法来加工制作，图文内容都要简明扼要、排列合理、大小适度，切忌喧宾夺主。

5.8　模型公司制作建筑模型的特殊设计制作技术

随着模型制作技艺的进步，公众对建筑模型的要求越来越高，为了高逼真地还原真实景观，现在很多沙盘模型公司都在打造动态建筑模型实景效果。下面介绍一些现在模型公司制作模型时应用到的设计制作技术。

1. 水的技术

除了常规水面制作方法外，微型封闭式真水系统和利用光的折射原理制作的动感水面，可生动、直观地表现海洋、江河、湖泊、溪流、喷泉等不同水体的真实效果。

2. 光的支持

数字沙盘采用投影仪系统与建筑模型相结合，运用投影仪的灯光可对项目模型的路网关系、建筑体系产生魔幻般的光影效果。再加上模型本身的 LED 冷光源系统，可将一个普通的建筑模型转变成一个炫丽的空间。

3. 动感技术

采用多项独有的高科技电动模型技术，可将汽车、火车、轮船、齿轮转动等动感效果逼真地表现出来。

4. 电的技术

独有的电路制作，可将模型中不同的电路系统分区制作，分区控制。创新研制的电路制作，可将模型的内部灯光效果逼真地展现出来。设计的分层编程控制器，已经完全取代了传统意义上的建筑模型灯光控制系统，提升了建筑模型的灯光效果。

5. 声的技术

多媒体的运用大大促进了人们对传统建筑模型的欣赏，模型拥有独特的多媒体系统制作，采用最新的电子芯片，将项目介绍配合背景音乐制作成与模型融为一体的操控系统，使参观者更加清楚地了解项目。

6. 遥控技术

创意性地对电控、动感系统随意地自由控制。

7. 影像技术

用投影机将 3D 计算机图形如汽车、火车、轮船等运动物体投射到模型中，增加动感；将 3D 计算机图形如火光、流水、云彩等动态影像投射到模型中，烘托气氛。

8. 三维仿真技术

采用三维全景和虚拟漫游制作工具，把相机环 360° 拍摄的一组或多组照片拼接成一个全景图像，通过沙盘上的控制按钮，或者用激光笔点击沙盘上的相应区域，在沙盘前的投影机中实现全方位互动式观看对应的真实场景。

拓展训练

课题主题：景观建筑小品概念模型制作训练。

制作要求：本课题制作的模型均为景观建筑小品，主要用来研究小型、微型景观建筑的模型制作。该类模型所表达的设计方案通常更富有创意、更具视觉冲击力。

材料要求：综合材料。该类模型可以发挥创意思维，结合实际景观建筑小品的设计特色，利用可以利用的综合材料制作模型。

制作案例一：

● 制作材料：2 mm 厚 PVC 板、1 mm 厚亚克力板、1 mm 厚白色纸板、草粉、仿真型材。

● 加工方式：手工制作。

● 连接方式：万能胶。

● 制作比例：1:100。

制作说明：该模型所表现的是水边观景平台的景观小品模型。该设计方案主要运用了白色 PVC 板和淡绿色亚克力板制作，建造成角度各异的观景"瞭望台"。模型制作选择白色 PVC 板和淡绿色亚克力板，更直观、真实地表现出设计方案。大面积的蓝色水面在透明亚克力板的衬托下显得尤为真实，绿色草粉模拟了草地的效果，配以人物仿真型材，为模型增添了小小的生动性和趣味性，如图 5-67 所示。

图 5-67　景观建筑小品概念模型制作（一）

图 5-67　景观建筑小品概念模型制作（一）（续）

制作案例二：

● 制作材料：2 mm 厚 PVC 板、1 mm 厚亚克力板、1 mm 厚白色纸板、草粉、仿真型材。

● 加工方式：手工制作。

● 连接方式：万能胶。

● 制作比例：1:100。

制作说明：此建筑小品是建造在丛林中的以音乐为主题的建筑景观小品。封闭的构筑物和开放的环境景观独立却又自然地融入自然环境中。该模型用白色 PVC 板制作构筑物的立面，利用透明亚克力板附着在 PVC 板上，表现出模型的表皮效果。构筑物周边的景观利用纸板制作出创意音乐主题的形态。整个模型主要采用和实际建筑相关的材料进行制作，贴近构筑物和景观固有的材质，同时，近似的材料选择也使整个模型十分统一，如图 5-68 所示。

图 5-68　景观建筑小品概念模型制作（二）

第 6 章

模型制作方案设计与赏析

本章教学导读

本章的教学主要是通过赏析国内外优秀设计团队、设计师经典的建筑模型设计方案，提高学生的艺术鉴赏能力，开阔学生的眼界，加深对建筑模型制作表现新形式、新方法的学习与理解，为制作优秀的模型作品提供启示。

6.1 模型方案设计与制作实训

6.1.1 汤屋模型设计与制作

动画片《千与千寻》是宫崎骏的作品，影响非常大。下面就以《千与千寻》动画片中的汤屋为设计与制作对象，通过对汤屋模型的再现制作，研究日本古建筑，从而进行纵向延伸。

1. 前期草图

图 6-1 为汤屋的正视图，图 6-2 为汤屋的侧视图，图 6-3 为宫崎骏手稿。

图 6-1　汤屋的正视图

图 6-2　汤屋的侧视图

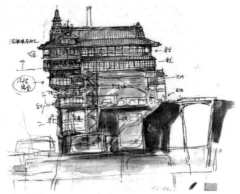

图 6-3　宫崎骏手稿

2. 建筑原型与动画取景

图 6-4 为日光东照宫（御殿），图 6-5 为动画取景（外观）。

图 6-4　日光东照宫（御殿）　　　　　图 6-5　动画取景（外观）

3. 模型制作过程

（1）计算机制图，如图 6-6～图 6-9 所示。

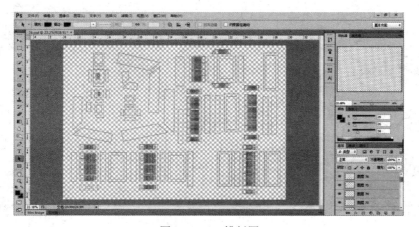

图 6-6　PS 排版图

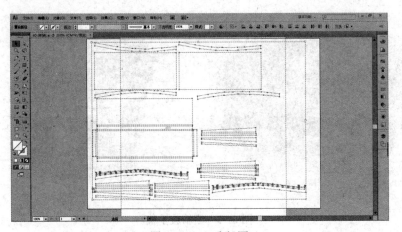

图 6-7　AI 路径图

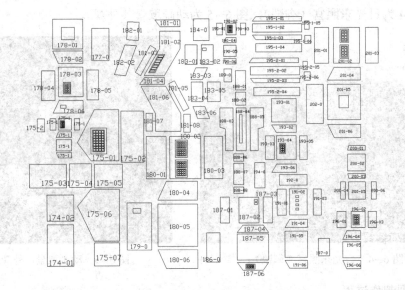

图 6-8　AutoCAD 切割图

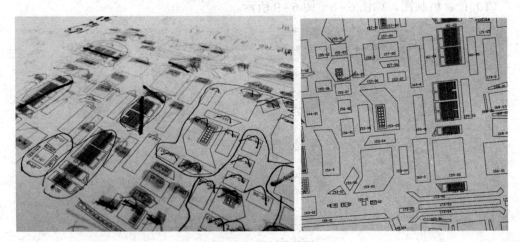

图 6-9　图纸编号图

（2）排版与雕刻，如图 6-10～图 6-13 所示。

图 6-10　排版

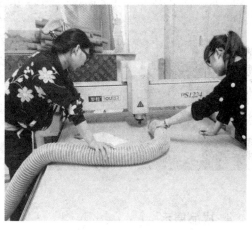

图 6-11　雕刻

图 6-12　雕刻局部

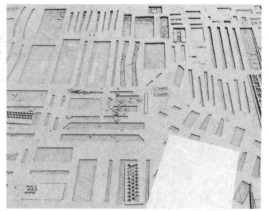

图 6-13　雕刻图

（3）图 6-14 为编号图，打磨与粘接，如图 6-15 与图 6-16 所示。

图 6-14　编号图

图 6-15　打磨图

图 6-16　模型粘接

4. 成品展示

最后效果如图 6-17～图 6-20 所示。

图 6-17　成品效果图

图 6-18　成品局部图

图 6-19　成品夜景效果图

图 6-20　成品夜景细节图

　　通过对汤屋的模型设计制作与研究，让学生了解了日式建筑的结构样式、起源与发展，以及同我国古代建筑的历史渊源，关注我国民族文化的精粹。

6.1.2　考夫曼沙漠别墅模型设计与制作

　　建筑师：理查德·诺依特拉。

　　业主：考夫曼家族。

　　建造时间：1946—1947 年。

　　模型材料：PVC 板、亚克力板、木板、木棒等。

　　模型比例：1:100。

图 6-21 为考夫曼沙漠别墅。

图 6-21　考夫曼沙漠别墅

1. 建筑场地环境

加利福尼亚州南部的小城帕穆斯林斯拥有一片苍凉而迷人的沙漠绿洲。早在 1774 年，这里的荒漠景观就为西班牙人所熟知并深受他们的喜爱。20 世纪中叶，美国著名的富商考夫曼也为之倾倒，于是便请建筑大师理查德·诺伊特拉设计了著名的考夫曼沙漠别墅。

2. 建筑背景

考夫曼沙漠别墅是在第二次世界大战后为匹兹堡百货公司所有者考夫曼及其家人和客人冬季度假而设计建造的。别墅以起居室的四分之一角为中心向外延伸横向和纵向的轴线，主卧、客房、车库等如风车状包围着起居室。别墅二层的突出部分能减少阳光直射，同时在一定程度上增大了建筑内部的视野。别墅与其所处环境之间的边界被减少至最低的限度，这就使得建筑周围的天然景色可以进入房间，或者说融入这个房间，如图 6-22 所示。

图 6-22　考夫曼沙漠别墅实景

3. 大师设计思想

理查德·诺伊特拉设计建造的建筑，并不是为了看上去是在一处风景中的一个构筑物。他在《场所的神秘与现实》一书中这样描述黄昏中的沙漠之屋："薄暮带来了一片祥和。山脉地貌轻柔的蓝紫色动人地衬托出了建筑神秘而生动的幻影，轻若无物却清晰透明。"

4. 大致功能分布

别墅的布局安排呈现放射状，从上往下看，别墅外形宛如风车一般。从平面图看，建筑的基本骨架呈"十"字形，在每一个"十"字的顶端只设有一个房间（见图6-23）。东西轴长，南北轴短，两轴交汇处为住宅的中心，设置有起居室、餐厅和一个室内庭院，属于公共区。中心向南为住宅的入口，设有一个车棚；中心向北是客房；中心向西分别是厨房及西端的工人房，属于后勤服务区；中心向东则分别是主卧及东端的办公室，属于私密区。这几个区域各自集中，空间功能明确，生活流线都没有交叉。这样一来，以餐厅和起居室这样的公共区为中心，既保证了主人和客人各自的私密性，又保证彼此间不会过于隔离生疏。

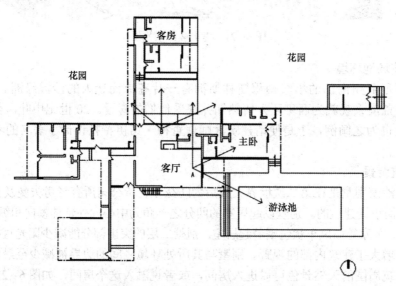

图6-23 考夫曼沙漠别墅平面图

5. 融入环境且功能与环境结合

考夫曼沙漠别墅建造的目的是度假、放松身心，故要求以舒适为主，但由于棕榈泉处于沙漠地区，风沙是影响住宅舒适性的一个大问题。理查德·诺伊特拉在设计住宅时设置了大量的绿化带，整个绿化面积几乎是住宅建筑面积的两倍大，这片缓冲地带一方面防风及固沙，非常实用，另一方面也不会对观赏沙漠景致造成影响，映衬着远处苍茫的山脉，又对住宅环境的美化起到了重要作用。与此同时，沙漠特有的气候也是需要考虑的重要问题，如强烈的日照、昼夜的温差等。

既然是在这里享受阳光，那么就不能少了身心放松的设计。整个住宅，如起居室、厨房、走廊、主卧室等区域大量采用玻璃幕墙，既给了住宅开阔的视野（如拍卖所说的打破了户外与户内的极限），同时也可尽情享受阳光；而且，为了避免玻璃幕墙的日照过强，住宅的屋檐有一段悬挑，避免了阳光直射，有选择地"放入"不强烈而又温暖的日光。在避免日照过强这个问题上，住宅还采取了其他办法。住宅外立面有许多地方采用了铝材，一是颜色美观，二是该材料对于阳光的反射作用非常强烈，这与阿拉伯地区的人们身着白色服饰是同样的道理。为了避免金属材料加剧昼夜温差，住宅的内部大量使用木材，并辅以暖色调的灯光，使住宅看来很是温暖。

图 6-24 为考夫曼沙漠别墅总平面图。

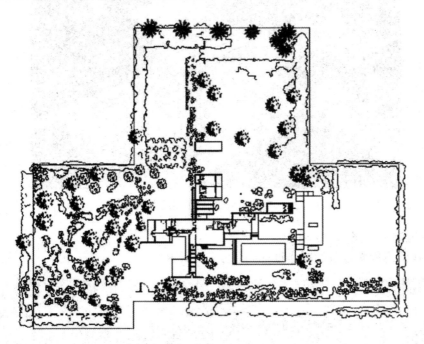

图 6-24　考夫曼沙漠别墅总平面图

6. 建筑结构分析

在设计别墅时，理查德·诺伊特拉就希望把室外的自然环境拉入室内，达到很好的融合，所以在建筑中他采用大面积开窗，居住者可以在室内任一点都能望见室外的景色，同时也使整个建筑的体量感减轻。

图 6-25 为从 3D 模型看考夫曼沙漠别墅的设计。

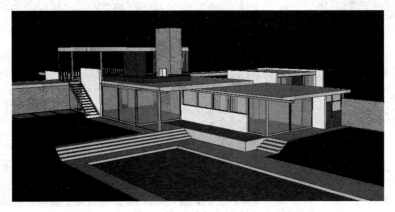

图 6-25　从 3D 模型看考夫曼沙漠别墅的设计

　　仔细观察内部功能及房间的排布，主要功能区域（除了主卧外）及其余的房间也具有较好的视野，更加印证了前文所述，设计师试图通过这种方法，将室外环境拉入室内，使建筑融于环境。

　　图6-26为考夫曼沙漠别墅模型的内部结构图。

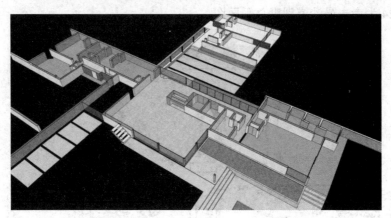

图6-26　考夫曼沙漠别墅模型的内部结构图

7. 模型制作过程

考夫曼沙漠别墅模型的制作过程如图6-27所示。

图6-27　考夫曼沙漠别墅模型的制作过程

8. 成品展示

考夫曼沙漠别墅模型设计的成品展示如图 6-28~图 6-33 所示。

图 6-28　考夫曼沙漠别墅模型鸟瞰图

图 6-29　考夫曼沙漠别墅模型从南向北远视图

图 6-30　考夫曼沙漠别墅模型从西向东远视图

图6-31　考夫曼沙漠别墅模型近景图（一）

图6-32　考夫曼沙漠别墅模型近景图（二）

图6-33　考夫曼沙漠别墅模型夜景图

（模型中采用小灯聚光的方式，结合墙体大面积镂空的特点，模拟出别墅梦幻的夜景效果）

6.1.3　2010年上海世界博览会中国馆模型设计与制作

1. 中国馆概况

2010年上海世界博览会中国馆（简称中国馆）是代表中国的主题展馆，位于世博园区的核心区。中国馆共分为国家馆和地区馆两部分。中国馆的建筑外观以"东方之冠，鼎盛中华，天下粮仓，富庶百姓"为主题，代表中国文化的精神与气质。其中，"中国红"作为建筑的主色调，大气而沉稳，也易于为世界所了解。图 6-34 为中国馆效果图。

图 6-34　中国馆效果图

2. 建筑数据

中国馆位于世博园区南北与东西轴线交汇处，是园区的核心地段。其中，国家馆居于馆区中央，上部最大边长为 138 m，下部立柱外边距为 70.2 m，建筑面积为 27 000 m²。馆高为 63 m，下方架空层高为 33 m，是给人们交流时所用的一个开放空间。地区馆高为 13 m，建筑面积约为 45 000 m²，形成一个开放的城市广场。展馆可同时容纳 7 000 名观众。

3. 设计概念

高耸的国家馆与在地面上水平展开的地区馆相呼应，体现东方哲学中"天"与"地"的对应关系。同时，国家馆的整体造型设计灵感来源于中国古代木结构建筑中的斗栱，并从夏、商、周的青铜器中提取设计元素，不过并没有相互穿插的梁、栱、楔等部件。

国家馆居中升起、层叠出挑，采用极富中国建筑文化元素的红色"斗冠"造型，该建筑由地下一层、地上六层组成；地区馆由地下一层、地上一层组成，外墙表面覆以"叠篆文字"，呈水平展开之势，形成建筑物稳定的基座，构造城市公共活动空间，如图 6-35 与图 6-36 所示。

图 6-35　设计来源于古代木结构建筑中的斗栱

图 6-36　中国馆建筑外观造型

4. 展馆剖析图

中国馆的剖析图如图 6-37 所示。

图 6-37 中国馆的剖析图

5. 模型制作

（1）材料选择。

底座：泡沫塑料块，用于切割成建筑模型实体部分的底座。

木条：制作建筑模型的主体部分。

刀：用于切割材料。

粘接：茶色涤纶纸、茶色不干胶纸，用于模型的窗、底盘粘面。

喷漆："中国红"颜色，用于主体颜色。

其他：绒纸、砂纸，用于绿地草坪、步行道、广场等。

（2）成品展示，如图 6-38～图 6-40 所示。

图 6-38 中国馆建筑模型

图 6-39　中国馆建筑模型灯光效果

图 6-40　中国馆建筑模型环境效果

6.1.4　史密斯住宅模型设计与制作

1. 自然环境

史密斯住宅位于美国康涅狄格州达里安海滨，这里是康涅狄格州的边陲地带，位置远离市中心，是一个远离都市尘嚣的世外桃源。达里安坐落在北高南低的沿岸缓坡上，南临长岛海湾，视野开阔，西面、北面绿树掩映，东南方向的海景一望无际。这座独立式住宅通体洁白，由明显的几何形体构成。而该建筑的周围环境也提供了极为良好的自然景观，尤其是它面临长岛湾，更为该建筑提供了一望无际的蔚蓝海景。从公路进入该建筑时，由于建筑物受到树林遮挡，所以整栋建筑在视觉上并不明显。但是那纯白的建筑体量和自然景观所形成的对比，又引导着人们的视线，使人们不致迷失方向。顺着道路引导向前，首先出现在眼前的是位于道路末端的车库，转过 45°角之后，整幢房子才出现于眼前。而住宅这一侧的入口立面比较简洁，只开了一些所需的方窗，将自然景观中最为精彩的海景完全阻碍了，令人只想赶快进入屋内去欣赏美景。

图 6-41 为史密斯住宅总平面图，图 6-42 为史密斯住宅外观。

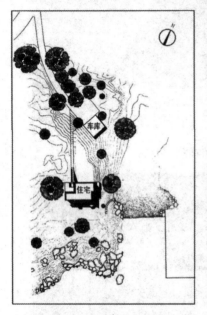

图 6-41　史密斯住宅总平面图

图 6-42　史密斯住宅外观

2. 建筑与环境的关系

（1）色彩。理查德·迈耶对于"白"的见解应该超出单纯的建构技术，"白"对他而言代表着超越及完整，代表着对于光线的期待。白色是对所有随时间转换光线的感动，它的机会是给予空间无尽的延伸及想象。理查德·迈耶说这种空间绝对不抽象，也绝对不会丧失尺度，反而在人类逐渐丧失直觉敏锐度的时代变得更加重要。图 6-43 为史密斯住宅在不同光线下所呈现的建筑色彩。

（2）地形地势。史密斯住宅坐落于周围遍布岩石与树木、占地 1.5 英亩的场地上。住宅后面的地形先是缓缓升起，接着跌下去，变成陡立的礁石海岸，最后渐渐倾斜，形成一处小小的沙湾。这种地形演变形成一种自然的分界。从入口处向海岸线延伸的公路确定了一条重要的位置轴线。入口、通道及整个景致都被组织在这条直线上，使建筑与环境形成一个有机整体。住宅中相互交叉贯穿的平面呼应了整个斜坡、树林、突起的岩石及海岸线这些景致的节奏。整个设计合理利用了地形地势，同时引道借缓坡飞架成桥，顺势接入住宅的第二层，形成灵活丰富的空间关系，如图 6-44 所示。

图 6-43　史密斯住宅在不同光线下所呈现的建筑色彩

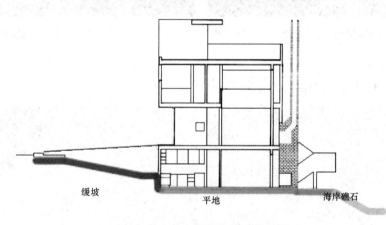

缓坡　　　　　　　　平地　　　　　　　海岸礁石

图 6-44　史密斯住宅地形地势图

3. 住宅平面布局空间

　　丰富的空间在史密斯住宅中有双向分层的概念，即在垂直方向上分层的同时，水平方向上也分"层"，而且是以"私密空间"与"公共空间"区分，划为两部分。这样就存在对立的空间体系，即私密的小空间是木墙承重，公共的大空间由圆钢柱支承，住宅的结构系统和空间组织系统正好吻合。封闭的私密空间和开敞的公共空间依靠水平走廊和对角布局的楼梯有机地结合在一起，交通空间的频繁使用将两部分空间的层次感与通畅感相互强化。当人在空间中运动时，视觉体验是立体的，不是平面的。也就是说，当人在水平方向上运动时，设计者往往使其视线同时在垂直方向上流通。而当人在垂直方向上运动时，又使其视线同时在水平方向上流通。这样，人的流动和视觉的流通在立体上展开，相互交叉纠缠，从而产生了丰富多彩的空间印象，如图6-45与图6-46所示。

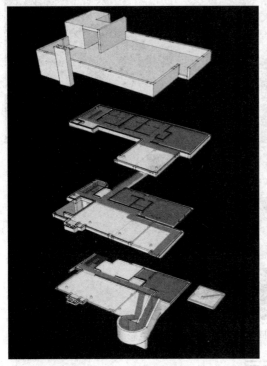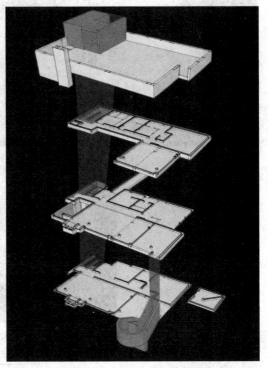

图6-45　动线对空间的组织与划分（公共与私密）　　　　图6-46　垂直-水平交通的组织

4. 模型制作

（1）建筑模型主体制作，如图6-47所示。

图6-47　建筑模型主体制作

（2）建筑模型底盘制作，如图 6-48 所示。

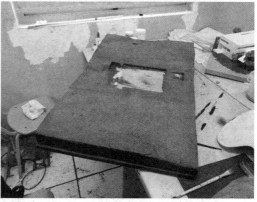

图 6-48　建筑模型底盘制作

（3）成品展示，如图 6-49 与图 6-50 所示。

图 6-49　建筑模型成品展示图（一）

图 6-50　建筑模型成品展示图（二）

（4）细节展示，如图 6-51 所示。

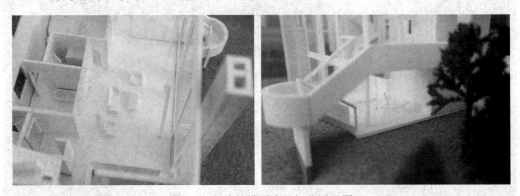

图 6-51　建筑模型成品细节展示图

6.2　建筑大师的模型设计作品欣赏

6.2.1　赖特——流水别墅

流水别墅建筑在溪水之上，与流水、山石、树木自然地结合在一起，运用几何构图，在空间的处理、体量的组合及与环境的融合上均取得了极大的成功，内外空间互相交融，与周围环境浑然一体，为有机建筑理论作了确切的注释。流水别墅可以说是一种以正反相对的力量在巧妙的均衡中组构而成的建筑，并充分利用了现代建筑材料与技术的性能，以非常独特的方式实现了古老的建筑与自然高度结合的建筑梦想，为后来的建筑师提供了更多的灵感，如图 6-52～图 6-55 所示。

图 6-52　流水别墅冬季照片

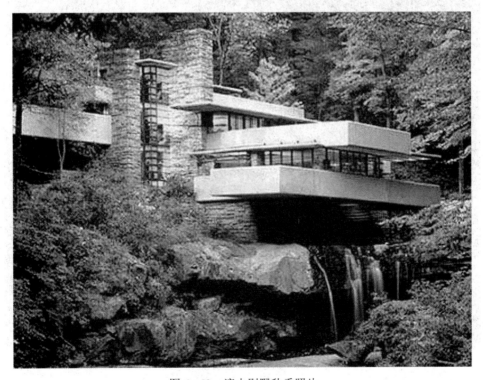

图 6-53　流水别墅秋季照片

图 6-54　流水别墅建筑模型（一）

图 6-55　流水别墅建筑模型（二）

6.2.2　勒·柯布西耶——萨伏伊别墅

　　萨伏伊别墅（the Villa Savoye）是现代主义建筑的经典作品之一，位于巴黎近郊的普瓦西（Poissy），由现代建筑大师勒·柯布西耶于 1928 年设计，1930 年建成，是钢筋混凝土结构。这幢白房子表面看来平淡无奇，简单的柏拉图形体和平整的白色粉刷的外墙，简单到几乎没有任何多余装饰的程度，"唯一的可以称为装饰部件的是横向长窗，这是为了能最大限度地让光线射入"。第二次世界大战后，萨伏伊别墅被列为法国文物保护单位。萨伏伊别墅代表了一种创新的住宅类型。其设计具有双重意义：既是对传统价值的坚持，又是现代住宅在当代的一个范例，是纯粹主义住宅的顶峰，如图 6-56～图 6-58 所示。

图 6-56　萨伏伊别墅照片

图 6-57　萨伏伊别墅建筑模型（一）

189

图 6-58　萨伏伊别墅建筑模型（二）

6.2.3　文丘里——母亲之家

　　母亲之家位于美国费城富裕郊区的一处宁静小路旁，安置在离开马路的一块平伸草地上，是建筑师罗伯特·文丘里为其母亲所设计的。在这一建筑中，各单元以连接的方式集合在一起。这时，所有单元都是显明可见的，可以被完整地感觉到，并且相互之间通过面对面、边对边的接触集合起来。通过有序组合的方式，整体具有比所有单元集合在一起要更大、更丰富。这可以解释为整体大于局部之和。母亲之家正是如此，立面起了类似模盘的作用，它把所有的单元装在里面，联系起来，因而产生了更丰富的内涵，如图 6-59～图 6-62 所示。

图 6-59　文丘里的母亲之家建筑外观照片

图 6-60　文丘里的母亲之家建筑室内照片

图 6-61　文丘里的母亲之家建筑模型（室外）

图 6-62　文丘里的母亲之家建筑模型（室内）

6.2.4　贝聿铭——美国国家美术馆

美国国家美术馆是新古典主义风格的建筑，长 240 m，中央圆顶，高大的门柱廊，桃红与乳白色大理石的外墙贴面，在高贵气派中蕴含着对历史的尊重。馆内底层建筑面积为 46 450 m²，以圆形大厅为中心，向两侧延伸出两个雕塑厅，并可通向建有喷泉和花木的室内庭院。整体建筑用一条对角线把梯形分为两个三角形。西南部面积较大，是等腰三角形，底边朝西馆作展览馆。三个角上突起断面为平行四边形的四棱柱体。东南部是直角三角形，为研究中心和行政管理机构用房。对角线上筑实体墙，两部分在第四层相通。这种划分使两大部分在形体上有明显的区别，但又不失为一个整体，如图 6-63～图 6-66 所示。

图 6-63　美国国家美术馆照片

图 6-64　美国国家美术馆模型（一）

图 6-65　美国国家美术馆模型（二）

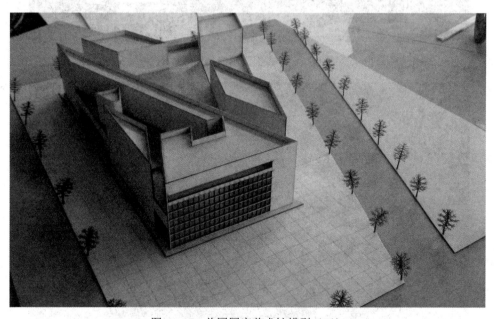

图 6-66　美国国家美术馆模型（三）

6.2.5　赖特——古根汉姆博物馆

古根汉姆博物馆是赖特设计的位于纽约的唯一建筑，坐落在纽约第五大道上。该博物馆占地面积约 3 500 m²（50 m×70 m）。在纽约的大街上，其体形显得极为特殊。其上大下小的螺旋形体、沉重封闭的外形、不显眼的入口、异常的尺度等，使得这座建筑看起来像是童话世界中的房子。如果放在开阔的自然环境中，它可能是明艳动人的，可是蜷伏在林立的高楼大厦之间，就令人感到局促而不自然，同纽约的街道和建筑无法协调，如图 6-67～图 6-69 所示。

图 6-67 古根汉姆博物馆照片

图 6-68 古根汉姆博物馆模型

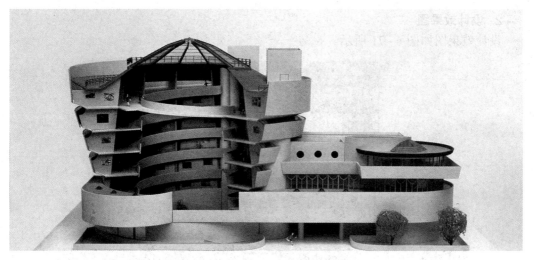

图 6-69　古根汉姆博物馆剖面模型

6.3　学生模型设计与制作实训

6.3.1　创意学生公寓设计与模型制作

1. 设计理念

该建筑造型根据"variety（多样化）"英文单词的首字母来演变，并加入集装箱、魔方理念（见图 6-70）。这是一个整体建筑设计，其目的是通过拉近彼此间的距离，让所有的房间连接起来，从而减少空间的角落，形成和谐统一的整体。该学生公寓可以从东、南、西、北四个方向进入，并且可以在同一层上选择不同楼顶花园和室内创意公共空间与同伴们讨论学术问题。楼体在种植模式上选择集水聚合物，这样的模式不需要独立的灌溉系统，楼顶采用太阳能板发电，更节能环保。该设计意在打造一个多样化、一体化的学生宿舍空间，是集各种功能于一体、汇聚中外设计元素的建筑模型。

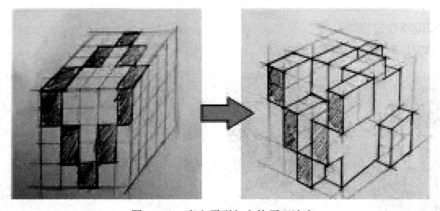

图 6-70　魔方原型与立构原理演变

2. 设计效果图

设计效果图如图 6-71 所示。

图 6-71 设计效果图

3. 模型制作过程

模型制作过程如图 6-72 所示。

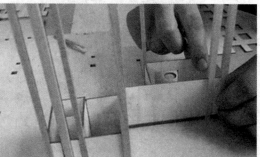

图 6-72 模型制作过程

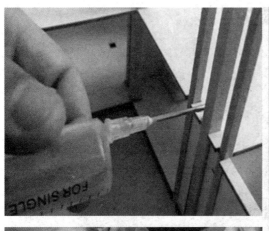

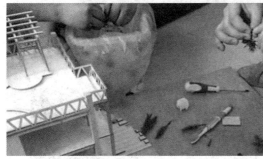

图 6-72　模型制作过程（续）

4. 模型制作成品

模型制作成品如图 6-73～图 6-75 所示。

图 6-73　模型制作成品展示（一）

图 6-74　模型制作成品展示（二）

图 6-75　建筑模型成品细节展示

6.3.2　学生模型作品欣赏

1. 建筑标准模型

建筑标准模型如图 6-76～图 6-84 所示。

图 6-76　商业中心建筑模型

图 6-77　办公空间建筑模型

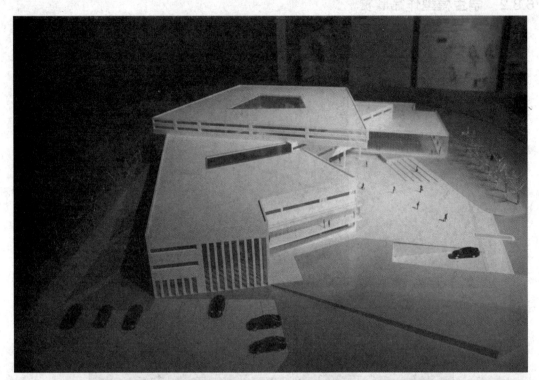

图 6-78　博物馆空间建筑模型

图 6-79　中国美术学院上海设计学院新校区建筑模型

图 6-80　商业空间建筑模型

图 6-81　住宅建筑模型

图 6-82 度假中心建筑模型

图 6-83 度假村建筑模型

图6-84　别墅建筑模型

2. 建筑展示模型

建筑展示模型如图6-85～图6-109所示。

图6-85　城堡建筑模型

图 6-86　城市别墅建筑模型（一）

图 6-87　城市别墅建筑模型（二）

图 6-88　城市住宅建筑模型

图 6-89　城市度假村建筑模型

图 6-90　别墅建筑模型（制作者：赵文静　郑妍，指导教师：宋培娟）

图 6-91　城市主题餐厅建筑模型（制作者：李莹　郑建鑫　叶馨雨，指导教师：宋培娟）

图 6-92　美国白宫建筑模型（制作者：邵宏瑜　陈希贤　张芷昕，指导教师：宋培娟）

图 6-93　广州圆大厦建筑模型（制作者：张荣慧　孙博文，指导教师：宋培娟）

图 6-94　U 形大厦建筑模型（制作者：赵思远　杨童童，指导教师：宋培娟）

图 6-95　别墅建筑模型（制作者：梁言　孙思宇，指导教师：宋培娟）

图 6-96 道格拉斯别墅建筑模型（制作者：张晶晶 李君薇，指导教师：宋培娟）

图 6-97　教堂建筑模型（制作者：付月　张琪，指导教师：宋培娟）

图 6-98　木立方建筑模型（制作者：周小丽　吴凤娇，指导教师：宋培娟）

图6-99 苏州园林局部建筑模型（制作者：张雅君 李炳辉，指导教师：宋培娟）

图6-100 艺术宫殿建筑模型（制作者：王玉成 朱俊羽，指导教师：宋培娟）

图6-101　LOFT别墅建筑模型（制作者：李雪婷　周玉婷，指导教师：宋培娟）

图6-102　印度建筑模型（制作者：杨璐璐　范宇欣，指导教师：宋培娟）

图 6-103　2010 年上海世界博览会美国馆建筑模型
（制作者：孟蒙　焦阳，指导教师：宋培娟）

图 6-104　2010 年上海世界博览会土耳其馆建筑模型
（制作者：贾丽颖　王瑞，指导教师：宋培娟）

图 6-105　图书馆建筑模型（制作者：杨阳，指导教师：宋培娟）

图 6-106　现代概念建筑模型（制作者：徐菲，指导教师：宋培娟）

图 6-107　欧式别墅建筑模型（一）（制作者：申娜　邢百慧，指导教师：宋培娟）

图 6-108　欧式别墅建筑模型（二）（制作者：倪文融，指导教师：宋培娟）

图 6-109　乡村别墅建筑模型（制作者：张旭，指导教师：宋培娟）

6.4　模型作品欣赏

6.4.1　建筑模型欣赏

建筑模型欣赏如图 6-110～图 6-116 所示。

图 6-110　皮诺基金会美术馆模型

图 6-111　曼哈顿阁楼模型

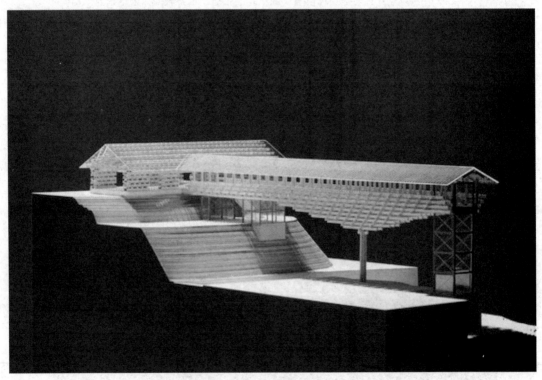

图 6-112　日本高知县梼原木桥博物馆模型

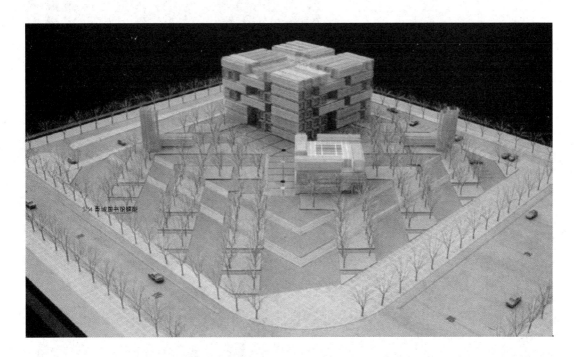

图 6-113 晋城图书馆模型

图 6-114　美国 LTC 模型

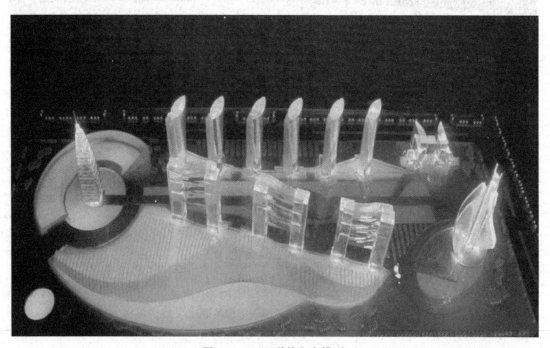

图 6-115　阿联酋方案模型

图 6-116　中国宝塔模型

6.4.2　商业模型欣赏

商业模型欣赏如图 6-117～图 6-119 所示。

图 6-117　京汉绿港模型

图 6-118　商城模型灯光效果

图 6-119　商城模型剖面与外貌

6.4.3　环境艺术模型欣赏

环境艺术模型欣赏如图 6-120～图 6-124 所示。

图 6-120　园林景观模型

图 6-121　环境艺术模型

图 6-122 小区模型

图 6-123 小景观模型

图 6-124　逼真的水面处理模型

拓展训练

　　课题主题：建筑群落概念模型制作训练。

　　制作要求：重点研究建筑群落与场地环境的关系及群落内部关系系统。包括群落内部各单体建筑的体量、每个单体间的整合关系。课题设计中有原创设计方案的模型表达，也有用模型的方式临摹大师的建筑作品。

　　材料要求：单一材料或综合材料。本课题对使用的材料类型和数量都不做限定，学生可以根据建筑单体的自身特点选材，既可以将整个模型用单一材料表现，也可以根据需要选择多种模型材料搭配。

　　制作案例：

　　● 制作材料：2 mm 厚白色纸板、2 mm 厚灰色纸板、1 mm 厚牛皮纸、木块、5 mm厚白色雪弗板、干枝、复写纸。

　　● 加工方式：手工制作。

　　● 连接方式：万能胶、大头针、白乳胶。

　　● 制作比例：1:100。

　　制作说明：该集合住宅建筑设计采用的设计理念是将单体建筑形态复制出多个并重新排列和扭转，形成一个全新的建筑集合体，在包含了空间趣味性和复杂性的同时又不乏建筑群的整体感。

　　该模型选择概念性的制作手法，利用模型重点推敲设计中建筑单体和单体的关系、建筑单体和整体的关系、建筑群和其周围环境的关系。

　　模型主体完全采用白色厚纸板制作。

　　模型场地的地形变化使用白色雪弗板进行高差调节，场地表面用牛皮纸、白卡纸、灰色卡纸制作表现。配合整体风格，模型中的树木用经过处理的干枝垂直或倾斜放置在示意树池的场地内。

　　模型中的小方块主要用来示意场地内的景观配件，也是在整个模型画面中充当构图的"点"。

　　具体制作如图 6-125 所示。

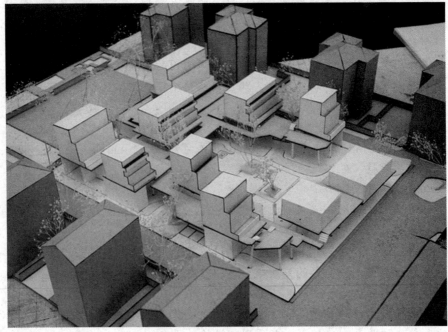

图 6-125　拓展训练

图 6-125　拓展训练（续）

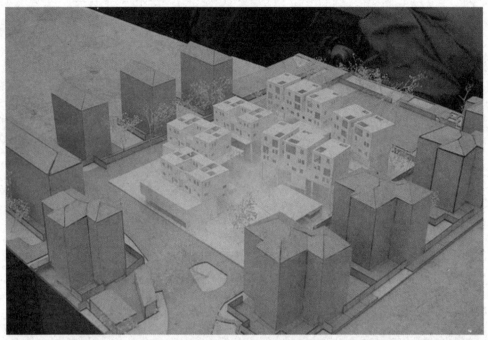

图6-125 拓展训练（续）

参 考 文 献

[1] 杨熊炎，苏凤秀. 产品模型制作与应用 [M]. 西安：西安电子科技大学出版社，2018.
[2] 周玲. 产品模型制作 [M]. 3 版. 长沙：湖南大学出版社，2019.
[3] 米拉，里纳尔迪，拉米雷兹. 场景模型制作技术指南 [M]. 北京：机械工业出版社，2016.
[4] 科诺，黑辛格尔. 建筑模型制作：模型思路的激发 [M]. 2 版. 王婧，译. 大连：大连理工大学出版社，2007.
[5] 波特，尼尔. 建筑超级模型：实体设计的模拟 [M]. 段炼，蒋方，译. 北京：中国建筑工业出版社，2002.
[6] 黄源. 建筑设计与模型制作：用模型推进设计的指导手册 [M]. 北京：中国建筑工业出版社，2009.
[7] 米尔斯. 设计结合模型制作与使用建筑模型指导 [M]. 2 版. 李哲，肖蓉，译. 天津：天津大学出版社，2007.
[8] 赵会宾，张立，刘金敏. 环境设计模型制作与实训 [M]. 南京：南京大学出版社，2016.
[9] 李斌，李虹坪. 模型制作与实训 [M]. 上海：东方出版中心，2008.
[10] 兰玉琪. 产品设计模型制作与工艺 [M]. 3 版. 北京：清华大学出版社，2018.
[11] 朴永吉，周涛. 园林景观模型设计与制作 [M]. 北京：机械工业出版社，2006.
[12] 陈晓鹏，李翔. 模型制作实验指导书 [M]. 武汉：中国地质大学出版社，2011.
[13] 刘宇. 建筑与环境艺术模型制作 [M]. 沈阳：辽宁科学技术出版社，2010.
[14] 陈祺，衣学慧，翟小平. 微缩园林与沙盘模型制作 [M]. 北京：化学工业出版社，2014.
[15] 赵春仙，周涛. 园林设计基础 [M] 北京：中国林业出版社，2006.
[16] 郎世奇. 建筑模型设计与制作 [M]. 2 版. 北京：中国建筑工业出版社，2006.
[17] 潘荣，李娟. 设计·触摸·体验：产品设计模型制作基础 [M]. 北京：中国建筑工业出版社，2005.
[18] 李敬敏. 建筑模型设计与制作 [M]. 北京：中国轻工业出版社，2009.
[19] 刘学军. 园林模型设计与制作 [M]. 北京：机械工业出版社，2011.